최고의 교육은
어떻게 만들어지는가

최고의 교육은 어떻게 만들어지는가

평범한 아이를 경쟁력 있는 인재로 키워내는 핀란드 vs. 한국의 교육 혁명 로드맵

마틴 메이어, 레네 메이어 하일 지음
김효정 옮김

북하우스

차 례

여는 글

핀란드와 한국, 교육을 보는 눈

남자가 화성에서 여자가 금성에서 왔다면, 한국인은 수성에서 핀란드인은 해왕성에서 왔을지도 모르겠다. 이 두 나라의 국민과 문화를 자세히 들여다보면 그만큼 서로 달라도 너무 다르다. 자녀가 성적 경쟁에서 뒤처지지 않을까 늘 마음을 졸여야 하는 한국 부모들은 차가운 북구에서 탄생한 '핀란드식 교육'이 하루빨리 먼 극동의 한국에도 뿌리내리기를 애타게 바랄 만하다. 최근 들어 한국에는 그런 변화를 꿈꾸는 사람이 점차 늘고 있다. 몇 년 전 핀란드 교육이 몇몇 부문에서 한국을 제치고 1위를 차지한 이후로 헬싱키는 교육 탐방객의 발길이 끊이지 않는 '교육계의 예루살렘'으로 떠올랐다. 핀란드인들에게 헬싱키에 찾아오는 한국인 단체 방문객을 보면 어떤 인상을 받느냐고 물어보니, 핀란드인들은 조금 수줍어하며 삼성 갤럭시 스마트폰으로 학교 운동장 이곳저곳을 찍어대는 그들의 모습이 꽤나 신기하다고 대답했다. 한국인들은 핀란드의 교실과 칠판을 자세히 살펴보면 핀란드 교육의 신비를 캐낼 수 있다고 생각하는 듯하다.

레네가 핀란드에서 취재하는 동안 가장 어려웠던 점은 사람들에게 '핀란드의 교육 제도'가 아닌 그들 경험에 대해 듣는 것이었다. 핀란드 사람들은 모두 여행 가이드 같았다. 만나는 사람마다 미리 준비한 것처럼 자국의 교육 시스템을 능숙하게 설명했다. 실제로 핀란드에는 외국인을 대상으로 핀란드 교육의 우수성을 소개하는 일이 하나의 산업을 이루고 있었다. 이러한 '교육 탐방'에 참가하는 사람들은 대부분 아시아에서 온 정책입안자나 교육자라고 한다.

머나먼 핀란드까지 교육 탐방을 올 정도로 높은 교육열을 가진 한국 사람들은 더 좋은 교육 환경을 찾아 앞다투어 자녀를 해외유학을 보낸다. 초등학교 때 일찌감치 유학을 보내는 부모도 적지 않다. 아이를 공부 스트레스에서 보호하고, 영어도 제대로 익히게 하려면 유학이 최선이라고 생각하는 것이다. 한국에서 학원에 돈을 쏟아붓느니 차라리 해외 교육에 투자하겠다는 마음이다. 이렇게 '교육 탐방'은 보다 우수한 교육을 위해 해외로 빠져나가는 '교육 대이동'으로 이어진다.

부실한 교육에 대한 국민들의 아우성에 시달리던 한국 정부는 연이어 새로운 교육 개혁 방안을 내놓고 있다. 하지만 이 방안 역시 목표만 원대할 뿐 충분한 연구와 계획이 뒷받침되지 못하는 전형적인 한국식 개혁이다. 새로운 정책이 등장하면 이전 정책이 전면 폐기되는 식이라 지속 기간도 매우 짧다. 따라서 그간의 교육 개혁 과정에는 구상부터 잘못되었거나, 중도에 폐지되었거나, 반쯤 이행하다 포기해버린 실험들이 산재해 있다. 이런 상황에서는 간혹 훌륭한 개혁안이 나타난다 해도 이내 흐지부지 사라지기 일쑤다. 문제를 해결하려면 적어도 치료약이 병을 더 키워서는 안 되지만, 과거부터 한국 정부는 다른 나라의 제도를 표면적으로 훑어본 다음 무턱대고 교육 개혁을 단행하다가 실패하곤 했다. 한국의 특수한 상황을 제대로 검토하지 않은 채 미국이나 유럽의 교육 제도를 피상적으로 모방해온 것이다.

물론 교육 개혁이 한국만의 문제는 아니다. 교육의 위기는 세계 각지에서 나타나고 있다. 미국, 영국, 프랑스, 스웨덴, 노르웨이의 교육 제도 또한 다음 세대를 미래에 충분히 대비시키기에는 역부족이다. 이들 국가의 교육 당국, 대학 연구원, 조직 분석가는 물론 비즈니스 혁신의 대가들까지 나서 교육 문제에 대한 나름의 해결책을 잇달아 제시하고 있다. 그러나 학교에 대한 정부의 통제를 강화하고, 학생의 성취도를 평가하는 시험 수준을 높이고, 실적이 부진한 교사를 해고하고, 교원노조를 폐지하고, 차터스쿨(미국 주정부의 예산으로 설립되지만 교사, 부모, 지역단체 등이 독립적인 권한을 갖고 자율적으로 운영하는 공립학교 – 옮긴이)을 늘리고, 교육 제도에 기업계의 경영 모델을 채택하고, 문제 학교를 폐교하는 노력마저도 충분한 해결책이 될 수는 없었다.

핀란드에서는 교육 발전을 위해 전혀 다른 해결 방식을 채택했다. 교사의 전문성을 높이고, 학생에 대한 평가를 축소하면서 성적보다는 책임과 신뢰를 강조하고, 교육 리더십을 정부 관료의 손에서 지역 교육자에게로 넘겼다. 이런 변화는 약 40년 전부터 시작되었다. 하지만 2000년, OECD가 세계 40개국의 만 15세 학생을 대상으로 실시하는 표준화 검사인 학업성취도 국제비교연구(PISA, Program for International Student Assessment)에서 핀란드 학생이 읽기 분야 1위를 차지하고 나서야 그 성과를 인정받을 수 있었다. 3년 뒤에는 수학 분야에서 1위에 올랐고, 2006년에는 과학 분야에서 57개국 학생 중 최고 성적을 얻었다. 2009년에는 전 세계 약 50만 학생이 참가한 평가에서 과학 2위, 읽기 3위, 수학 6위를 차지했다. 뿐만 아니라 핀란드 학생들은 다른 나라의 가엾은 또래들처럼 개인 과외나 방과 후 보충수업, 산더미 같은 숙제에 시달리지 않는데도 전 과목에서 뛰어난 성적을 기록했다.

PISA의 결과가 처음 나왔을 때 전 세계의 교육계는 혼란에 빠졌다. 세계의 언론은 앞다투어 핀란드 교육의 성공 비결을 밝히려 나섰다. 결과가 발표되자 수백 개의 공식 대표단이 교육 제도를 시찰하러 핀란드를 방문했다. 하지만 당시의 들뜬 분위기가 지금은 한풀 꺾인 상태다. 2012년 이후 PISA 보고서에서는 핀란드의 순위가 크게 떨어졌기 때문이다. 유럽과 북미의 보수적인 교육 개혁가들은 내심 안도했다. 핀란드를 찬양하는 사람들 때문에 골치가 아팠던 것이다. 그들은 핀란드의 사례를 다른 선진국에 적용하기는 무리라고 믿었다. 상대적으로 다른 국가와 비교하여 핀란드는 경제 규모가 작고, 빈곤율이 낮고, 외국 태생이 5퍼센트에 불과하여 인종 구성도 동일한 편이며, 사회주의적 요소를 지니고 있다. 미국 기업 연구소American

Enterprise Institute의 교육 정책 연구 분야 책임자 프레더릭 M. 헤스 Frederick M. Hess는 '핀란드 앓이'가 핀란드의 교육 제도를 지나치게 찬미하는 데서 비롯된 이상 현상이라고 평가했다.

이 책에서 우리는 현실을 있는 그대로 바라볼 것이다. 핀란드와 한국의 교육을 나란히 놓고 선입견 없이 열린 태도로 장단점을 조목조목 따져볼 생각이다. 우리는 헬싱키에서든 서울에서든, 투르쿠에서든 부산에서든, 배울 점이 있으면 기꺼이 받아들이고 싶다. '완벽한 학교'나 '교육 제도'는 어디에도 없음(우리의 조사에 따르면 핀란드에도 없다)을 알기 때문에 관대하게 판단하려 노력할 것이다. 21세기 아이들을 훌륭하게 교육하기란 여간 어려운 일이 아니다. 그래서 우리는 상대적인 관점으로 서로에게 교훈을 얻어야 한다. 세상이 너무 급격히 변하는 탓에 이제는 그 속도를 따라잡기조차 힘들다. 따라서 두 나라의 제도를 비교할 때도 항상 다음과 같은 문제를 유념해야 한다.

–현대화는 어느 정도까지 수용해야 할까?

–전통적 교육은 무조건 시대에 뒤떨어진 방식일까?

–새롭고 현대적인 제도가 언제나 나은 대안일까?

–최신 기술은 어느 선까지 적용해야 할까?

–인터넷과 스마트폰의 시대에는 학생들에게도 매일 24시간 온라인 상태를 허락해야 할까, 아니면 이따금씩 접속을 해제하고 구식 종이책을 읽게 해야 할까?

아버지와 딸이 함께 쓴 책은 흔치 않다. 한국에서 한국인이 아닌 아버지와 딸이 공동집필한 책은 이 책이 유일하다고 확신한다. 우리는 교육이라는 주제에 우리만의 국제 경험을 담고 싶었다. 아버지인 마틴은 각각 다른 언어를 쓰는 3개국의 대학에서 세 개의 학위를 취득했다. 한국의 중학교, 고등학교, 대학교에서 10년 이상 학생들을 가르치고 있으며 3개 대륙에서 6가지 언어로 7권의 책을 출간했다. 한국에서 중학교와 고등학교를 다닌 딸 레네는 모국어인 영어는 물론 한국어와 러시아어도 유창하다. 네덜란드에서 우수한 성적으로 학사 과정을 마쳤고, 런던에서의 석사 취득을 다음 목표로 정했다.

레네는 이 책을 쓰기 위해 핀란드에 머물면서 그 나라의 교육 제도를 연구하는 한편, 수많은 교사, 학생, 학부모의 이야기를 들어보았다. 핀란드 교육 제도는 매우 탄력적이라 세부적인 내용이나 수치, 운영방식이 지역과 학교, 관계자에 따라 달라질 수 있음을 독자들이 유의했으면 한다. 비록 이 책은 객관적인 데이터에 근거를 두고 있지만 꽤나 주관적이어서 모든 사람이 우리의 결론에 동의하지는 않을 거라고 생각한다. 하지만 깊이 생각하고 내린 결론이며 너무 딱딱해지지 않기 위해 때로는 유머도 가미했다. 수업 시간에 절대 농담을 하지 않는 교사는 학생을 저절로 잠들게 하듯, 아무리 유익해도 아무도 찾지 않는 재미없는 책이 되기를 바라지 않는다. 이 책에서 우리는 한국, 러시아, 미국, 네덜란드에서 지내면서 겪은 이야기를 공유할 예정이다. 특히 레네는 핀란드에서의 경험과 그곳 사람들로부터 들은 이야기를 상세하게 소개할 것이다. 레네의 경험이 담긴 이야기는 서술의 주체를 레네로 명시하였다. 또한 핀란드와 한국을 정확하게 파악할 수 있도록 다양한 사람들을 취재한 내용과 생생한 현장 인터뷰를 전해줄 것이다.

이 책을 통해 핀란드와 한국의 상황을 입체적으로 이해함으로써 교육의 본질을 생각하는 계기가 되기를 바란다. 교육에 관심 있는 사람이라면 핀란드의 교육 제도에 흥미를 갖는 것은 당연하다. 핀란드 학생의 뛰어난 실력은 교육 제도를 근본부터 개혁해 세계에서 가장 효과적인 시스템을 만들겠다는 국민의 공동 인식과 노력의 결과다. 어느 날 갑자기 하늘에서 뚝 떨어진 것이 아니라 수십 년에 걸쳐 가꾸어온 성과로 보아야 한다. 유치원 입학부터 고등학교나 대학교 졸업까지 문제 학생을 비롯해 모든 젊은이가 사회에 올바로 적응할 수 있도록 교육하는 것만큼 복잡하고, 까다롭고, 혼란스러운 과제에 즉효약이 있을 리가 없다. 하지만 핀란드의 제도에도 분명히 감수하고 개선해야 할 대가와 취약점이 있다. 한국인들은 핀란드 교육에 담긴 평등 정신과 공정함, 창의력과 여유로움을 살펴보면서 많은 깨달음을 얻을 수 있을 것이다. 동시에 한국의 전통적 가치가 한국뿐 아니라 전 세계의 현대 교육에 유용하게 적용될 수 있다는 사실에 자부심을 느낄 수 있을 것이다.

PART 1

산타클로스는 누구에게나 평등하다

Education in Finland

1

핀란드 교육, 다시 읽기
- 새로운 흐름

우리는 본격적인 이야기를 시작하기에 앞서 핀란드 교육에 대한 전체적인 관점을 제시하는 대표 인터뷰를 뽑아보기로 했다. 핀란드를 아우르는 평등의 문화, 북유럽 스타일, 지금의 교육 성과를 조망한 거창한 분석이 아니라, 정말 살아 있는 이야기 말이다.

영국인 스티븐 스테이시Stephen Stacey는 핀란드에서 매우 오랜 시간을 보냈다. 그는 전인 교육 전문가다. 핀란드 대학에 결혼 교육 강좌를 개설했고 『결혼의 이해: 파트너, 친구, 연인Understanding Marriage: Partners, Friends, Lovers』이라는 책도 썼다. 대학생을 대상으로 건강과 삶의 질을 높이고 사업과 조직을 성공적으로 관리하는 법을 가르치는 강의도 여러 개 열었다. 아내 바바라와 30년간 결혼생활을 유지해 왔으며 슬하에 네 자녀를 두고 있다. 그와의 인터뷰에는 핀란드인을 이해할 수 있는 많은 팁들이 숨겨져 있다.

- 핀란드인이 PISA 테스트에서 우수한 성적을 받는 이유는 뛰어난 인재를 키우는 것보다 평등을 우선시하기 때문입니다. 학교교육은 7세부터 시작되는데, 교사들은 모든 아이가 집에서 전혀 도움을 받지 못한다고 가정하고 학생들을 지도합니다. 최대한 많은 아이들이 기초 수학과 읽기, 쓰기를 익힐 수 있게 수업을 매우 천천히 진행하죠. 결국 대부분의 국민이 불편 없이 생활하고 일하는 데 필요한 능력을 갖추게 됩니다. 다른 국가에 비해 핀란드인의 기초학습능력이 우수한 이유는 그 때문입니다. 핀란드인은 평등을 위해서라면 기꺼이 재능을 희생합니다. 그래야 국가 경쟁력을 높일 수 있다고 믿기 때문이죠. 경쟁을 중시하는 영국에서는 받아들이기 어려운 개념입니다. 뛰어난 학생만 떠받드는 한국에서는 말할 것도 없고요.

- 더구나 핀란드에서는 최대한 많은 젊은이가 대학 학위나 고등학교 졸업장, 직업 자격증을 취득할 수 있게 배려합니다. 젊은이들의 공인 자격 취득을 도와주는 제도가 다양하죠. 하지만 그렇다고 특출한 학생이 많지는 않습니다. PISA 성적이 아무리 우수해도 핀란드에서 세계 100위 안에 드는 대학은 없습니다. 스웨덴에는 두 곳이 있는데 말이죠. 문자해독능력과 기초적인 수학능력을 갖춘 인구의 비율은 핀란드가 영국보다 훨씬 높지만, 대학입학시험 점수는 영국이 우수합니다. 영국에는 낙오

자와 뛰어난 학생의 비율이 모두 높다는 뜻이죠. 우수한 학생과 부진한 학생 모두를 위해 트렉제tracking(학생들의 학업능력별로 반을 나누는 제도)를 도입해야 한다는 주장도 있지만, 핀란드에서는 이 제도가 학습능력이 취약한 학생들에게는 해가 된다고 믿습니다. 아이들이 16세가 될 때까지 성적에 따른 분류는 전혀 없습니다. 한 교실에서 공부하면서 뛰어난 학생이 부족한 학생에게 자극을 준다고 생각하는 사람들도 있고요.

- 이런 시스템을 유지하기 위해서는 모든 구성원이 힘을 모으면 사회의 공동선에 기여할 수 있다는 공감대가 필요합니다. 개인은 약간의 희생을 치러야 하겠지만요. 세금이 많다고 불만을 가질 만도 하지만, 핀란드 사람들은 높은 세금 덕분에 국민의 삶의 질이 유지된다고 보기 때문에 세액이 낮아지지는 않습니다. 도서관 시설은 으리으리하고, 공공 수영장은 청결하게 관리되고, 정부의 지원을 받는 대중교통 시스템은 정확하고 효율적이지요. 도로는 늘 깨끗하고 눈보라가 지나고 난 즉시 말끔하게 청소됩니다. 교육계도 늘 충분한 지원을 받고요. 이는 집단적인 노력으로 더 나은 사회를 만들 수 있고, 때로는 사회를 위해 개인의 욕망을 접어둘 필요가 있다는 깊은 공동인식의 결과입니다. 단기적으로는 개인의 수입이 줄고 다른 나라에 비해 학문적 역량을 한껏 펼치지 못하는 국민이 일부 생긴다 해도 말이죠.

- 핀란드의 제도가 다른 문화권에서는 효과가 없는 걸 보면 문화적 요인도 크게 작용하는 것 같아요. 예를 들어 핀란드인은 개인적인 고통이나 트라우마가 생기면 우울감에 빠지거나 마음을 닫아버리는 경향이 있습니다. 반면에 경쟁이 치열한 문화권에서 성장한 아이들은 행동으로 표출하지요. 핀란드 교실에는 수업에 지장을 주는 아이가 적어, 가르치는 시간을 많이 확보할 수 있다는 뜻입니다. 영국 학교에서 핀란드처럼 수업을 천천히 진행한다면 아이들은 대놓고 지루하다고 투덜댈 겁니다. 핀란드 아이들은 잘 참아내고 있지만요.

- 북유럽의 나라들이 매우 건전한 원칙을 바탕으로 훌륭한 국가를 건설했다는 사실은 인정해야겠지요. 정직은 핀란드인의 진정한 강점입니다. 덕분에 범죄율도 낮아 사람들이 자신의 시간을 보다 창의적으로 활용할 수 있습니다. 부정부패가 없는 공정한 법 체제 하에서는 개인의 열정도 맘껏 발산할 수 있고요. 강한 프로테스탄트Protestant(16세기 종교 개혁 이래 로마 가톨릭교회에서 분파한 각종 기독교회에서 귀속한 사람들. 신교도라고도 부른다) 직업윤리는 위기의 순간을 극복하는 힘이 되었어요. 제품의 품질을 중시하는 독일의 성향은 전 세계 중산층 가정에서 환영받는 질 높은 제품 생산의 원동력이 되었습니다. 교육에 가치를 둔 덕분에 중국에서 저렴한 물건이 쏟아져 나오는 지금도 여전히 경쟁력을 유지하고 있고요. 핀란드인의 실용적인 사고방식은 자연스레 공학과 컴퓨터 기술의 발전으로 이어

졌어요. 노키아와 리눅스를 탄생시키고 기술기업을 대거 유치할 수 있었던 이유는 대학 교육에서 과학기술을 크게 강조하기 때문입니다. 결과적으로 핀란드는 유럽의 실리콘밸리 역할을 하고 있어요. 현재까지 신흥 개발도상국보다 우세한 입지를 지키고 있는 것도 그 덕분이죠.

- 핀란드는 지난 60년간 눈부신 성과를 일궈냈습니다. 1920년대에는 당시의 한국처럼 빈곤했지만 지금은 이렇게 선진국가가 되었어요. 수많은 국제 지표에서 5위 안에 드는 성적표를 받고 있죠. 영국은 대부분 10위 안에 들지 못하는데요. 어느 것으로 보나 국가를 훌륭하게 운영하고 있다는 뜻인데, 교육이 분명 거기에 큰 기여를 했습니다. 사회복지로 삶의 질이 높아지자 사람들은 자신 있게 원하는 인생을 살 수 있게 되었죠. 일을 꼼꼼하게 완성하려는 열정, 모든 분야에서 최선을 다하는 태도, 한 번에 제대로 해내겠다는 생각이 지금의 핀란드를 만들었습니다.

- 자녀를 가진 핀란드 부모라면 모두 보육원과 유아원의 혜택을 누릴 수 있습니다. 하지만 이 제도에도 장단점이 있어요. 물론 부모가 서로 떨어져 살거나 알코올 중독 등 문제가 있는 집 아이들에게는 안전한 피난처가 될 수 있습니다. 국가가 개입하여 취약 가정의 아이를 보살피고 학교에 보낼 준비를 시키니까요. 여성에게 남성과 동등한 자유를 주는 기능도 있습니다. 원하기

만 하면 출산 후 2~3개월 내에 일터로 돌아갈 수 있으니까요. 그러면 결국 국민의 노동력을 충분히 활용할 수 있게 되죠. 하지만 가족 간 유대감이 약해진다는 단점도 있습니다. 핀란드의 가족 관계는 다른 나라에 비해 느슨한 편입니다. 가정생활보다 직장생활에 가치를 두는 현상은 현대 사회 어디서나 나타나지만, 제가 보기에는 지속가능하지 못한 경향 같아요. 출생률이 떨어지면서 가족 구조가 변하고 가족과 함께 보내는 의미 있는 시간이 줄어드는 등 부정적인 결과가 생길 수 있으니까요. 보육 제도를 유지하려면 비용이 많이 소요되지만 핀란드 사람들은 그럴 만한 가치가 있다고 생각해요. 하지만 여타의 서구 국가들처럼 핀란드에도 부채가 증가하고 있어요. 세대를 거듭할수록 성적性的 방종, 눈에 띄게 낮아지는 혼인율, 치솟는 이혼율 등으로 아이들의 정서적인 불안감이 커지면서 국가 재정에도 큰 부담이 되고 있습니다. 결국 현재의 사회복지 제도가 언제까지 지속될지는 누구도 장담할 수 없어요.

핀란드는 새천년이 시작된 지 10여 년이 지난 지금 PISA 순위에서 몇 단계의 하락세를 보이고 있다. 그 사이 핀란드를 세계적인 기술 강국으로 성장시킨 거대 모바일 기업 노키아도 마이크로소프트에 매각되었다. 강건하고 침착한 핀란드 국민이 이런 현상에 겁을 집어먹을 리는 없다. 경쟁보다 협력을 강조하는 그들은 애당초 PISA에서 1등을 차지하겠다는 목표 자체가 없었다. 그저 훌륭한 교육 정책을 오래 이행하다보니 생겨난 결과일 뿐이었다. 전직 수학·물리 교사 출신으로 현재 핀란드 교육 문화부에 재직 중인 파시 사르베르크Pasi Sahlberg의 말은 이런 점에서 의미가 깊다.

- 우리는 아이들에게 시험 치르는 법이 아닌 공부하는 법을 가르칩니다. 사실 PISA에는 큰 관심이 없고 그 결과에도 별로 신경 쓰지 않습니다. 다만 삶 속에서 쌓아온 문화가 결과를 만들어낸 것일 뿐이죠.

2

모두가 평등한 나라
– 문화 읽기

"신은 서두름을 창조하지 않았다."
–핀란드 속담

핀란드는 어떤 역사적 배경을 안고 있는 나라일까? 지금의 교육 환경을 이해하기 위해서는 핀란드의 문화와 역사적인 배경을 아는 것이 필요하다. 핀란드는 수 세기에 걸쳐 국가 정체성과 가치를 찾으려 노력했다. 핀란드는 서쪽으로는 스웨덴 왕국, 동쪽으로는 러시아 제국이라는 두 경쟁 세력 사이에 끼인 나라다. 그래서 540만 핀란드인은 940만 스웨덴인과 1억4천2백만 러시아인 사이에서 많은 고충을 겪었다. 일본과 중국 사이에서 시달려온 한국과 형편이 비슷하다. 인구수만 10배로 곱하면 거의 동일한 상황이다. 나폴레옹 전쟁이 한창이던 1809년, 스웨덴은 6세기나 통치해온 핀란드를 러시아의 손에 넘겼다. 러시아 황제는 준독립국인 핀란드 대공국大公國을 수립하여 핀란드를 러시아 제국에 헌법적으로 묶어두었다. 또 핀란드의 수도를 투르쿠에서 러시아의 상트페테르부르크에 가까운 헬싱키로 옮겼다. 1917년 러시아 제국이 볼셰비키에 의해 무너진 직후 핀란드는 독립을 선언했다.

하지만 이로써 핀란드와 거대한 동쪽 나라 사이의 갈등이 끝난 것은 아니었다. '겨울 전쟁'은 소련과 핀란드의 대표적인 무력 충돌이다. 1939년 11월 30일, 소련이 핀란드를 침략하면서 시작된 이 전쟁은 제2차 세계대전이 터진 지 석 달 후인 1940년 3월 13일에 모스크바 평화 조약의 체결로 종식되었다. 소련이 핀란드의 영토 일부를 반환하는 대가로 접경 지역의 영토를 요구한 것이 이 전쟁의 발단이었다. 소련 측은 핀란드 국경에서 불과 30킬로미터 거리에 있는 레닌그라드를 보호하려는 목적이라고 주장했다. 핀란드가 이를 거절하자 소련은 핀란드 영토 침략을 단행했다. 소련의 병력은 핀란드의 3배가 넘었고, 전투기는 30배, 탱크는 100배나 많았다. 하지만 사기가 하늘을 찌를 듯했던 핀란드군은 여러 달 동안 소련군을 막아내며 버텼다. 소련의 예측보다 훨씬 긴 기간이었다. 그러나 전략을 바꾸고 병력을 재정비한 소련군은 결국 국경 지대에서 핀란드의 수비를 물리치고 승리했다. 핀란드는 소련이 당초에 요구했던 영토를 내어줄 수밖에 없었다. 예상보다 훨씬 많은 병력을 잃은 소련도 이 제안을 받아들였다. 1940년 3월, 모스크바 평화 협정에 서명하면서 양국의 대립은 끝을 맺었다. 핀란드는 카렐리아와 살라의 일부, 핀란드 만의 크고 작은 섬 등 전 국토의 11퍼센트를 내어주어야 했다. 이 협정에는 향후 6년간 소련에 전쟁배상금으로 3억 달러(미국 달러의 현재 가치로 40억 달러에 해당)를 다양한 현물로 지급한다는 조건도 포함되었다.

핀란드인은 스웨덴 사람들과는 무난히 지내는 편이지만 러시아인은 신뢰하지 않는다. 러시아가 지금도 핀란드를 집어삼킬 기회만 호시탐탐 노린다고 생각한다. 그러나 러시아는 핀란드 국민이 얼마나 강인한지 잘 알고 있다. 스탈린의 침략을 받은 다른 국가들과 달리 핀란드는 소련에 맹렬하게 저항했다. 그 무렵 화염병Molotov cocktail이라는 흥미로운 무기가 핀란드의 발명품 목록에 이름을 올리기도 했다.

핀란드 국명의 핀란드어 정식 명칭은 수오멘 타사발타Suomen-Tasavalta로, 간단히 수오미Suomi라고도 한다. 한국인들이 대한민국을 세상에서 가장 위대한 나라라고 생각하듯 핀란드 사람들 역시 세상 어디에도 핀란드만 한 나라는 없다고 자부한다. 이들은 핀란드에 관한 중요한 진실을 세계인들이 오해하지나 않을지 늘 촉각을 곤두세운다. '노키아는 일본 휴대폰 회사 이름이 아니다. 이 거대 기업을 탄생시킨 핀란드 서부의 작은 도시 이름이다.' '핀란드인은 스웨덴인보다 우수하다.' '산타클로스는 핀란드 출신이다.' 등등 말이다.

남다른 애국심 외에도 핀란드는 한국과 공통점이 많다. 다른 나라에 인정받으려 애쓰는 것도 그중 하나다. 그들은 타국의 평가에 민감하며, 수오미 쿠바Suomi-kuva, 즉 핀란드의 이미지를 높이기 위해 늘 최선을 다한다. 한국인이 그러하듯, 스포츠, 비즈니스, 과학기술, 디자인 등 국가의 위상을 드높일 수 있는 분야에는 투자를 아끼지 않는다. 뛰어난 교육 성과도 핀란드인의 자부심에 큰 몫을 하고 있다. 핀란드인은 북유럽의 전통과 그들만이 발음할 수 있는 독특한 언어에 자부심을 느낀다. 핀란드의 언어학자들은 그들이 여타 유럽인들처럼 인도–유럽어를 쓰지 않고 핀노–우그리아어를 쓴다는 사실을 자랑스레 내세운다.

시니리스틸리푸메Siniristilippumme– '푸른십자기'

핀란드는 스칸디나비아에 속할까? 사실 이것은 아일랜드가 영국의 일부인지, 한국이 중국의 영토인지 묻는 것만큼이나 무지한 질문이다. 비록 스웨덴 등의 나라와 하나로 묶여 '북구'로 분류될 때가 많지만 핀란드에는 다른 북유럽 국가와 엄연히 구분되는 특유의 민족성, 문화, 언어가 있다. 인종과 언어를 놓고 보면 핀란드인은 헝가리인에 가깝다. 이들은 중세 초기 '대이동' 시기에 훈족의 압박으로 서쪽으로 밀려나면서 러시아 우랄 지역에 정착한 사람들의 후손이다. 같은 문화권에 속했던 이 민족은 유럽 지역에 도달하면서 어떤 이유에서인지 일부는 남쪽으로, 일부는 북쪽으로 방향을 틀어 각각 헝가리인과 핀란드인의 조상이 되었다. 그렇게 보면 핀란드인의 몸에는 분명 아시아인의 피가 흐르고 있다. 반면 북유럽 지역의 덴마크, 스웨덴, 노르웨이라는 세 왕국을 지칭하는 스칸디나비아는 독일에 뿌리를 둔 인종·문화적 유산과 언어를 공유하고 있다.

유럽인이 아니라면 핀란드의 문화 배경을 혼동하는 것도 무리가 아니다. 핀란드는 실제로 핀란드와 스칸디나비아 국가는 물론 아이슬란드, 그린란드 등 북대서양의 작은 섬나라들을 아우르는 차가운 북부 유럽에 속하기 때문이다. 이곳은 모두 인구밀도가 낮고, 눈과 바람이 잦다. 또 '백야'를 경험할 수 있고, 대부분 황량한 숲으로 덮여 있다. 북유럽이라고 하면 대개 통나무로 지은 사우나에서 벌거벗은 몸을 웅크린 채, 술을 잔뜩 마시며 추위를 이기는 사람들의 모습이 떠오른다. 오늘날에는 경제적 풍요, 복지 자본주의, 우수한 사회적 자유주의, 누드 비치를 상징하는 지역이 되었다. 지구 저편 보수적인 나라의 사회적 약자들에게는 이곳이 선망의 대상이다. 한국과 일본의 여성들은 스웨덴과 핀란드 여성들처럼 남성들에게 존중받고 그들과 비슷한 수준의 권리와 기회를 누리기를 갈망한다.

국기에 공통적으로 사용된 스칸디나비아 십자를 보면 북유럽 국가 사이에는 어떤 연대감이 존재하는 듯하다. 이 디자인을 처음으로 채택한 국기는 덴마크의 단네브로그Dannebrog로, 단순히 '덴마크의 직물'이라는 뜻을 갖고 있다. 덴마크에 이웃한 스칸디나비아 국가들 역시 그리스도교를 상징하는 수직십자를 채택하고 나자, 이 문양은 조금 더 멀리까지 퍼져나갔다. 오늘날에는 스코틀랜드 군도에 속한 셰틀랜드나 오크니 섬에서도 단순하고 아름다운 십자 디자인을 깃발에 사용하고 있다. 그 기원은 로마의 콘스탄티누스 대제가 그리스도교로 개종한 사건까지 거슬러 올라간다. 콘스탄티누스와 병사들은 어느 날 그리스도교 하느님의 환영을 만난다. 하느님은 그리스도의 이름 첫 두 자를 상징하는 그리스어 키로Chi-Rho를 방패에 표시하면 승리를 선사하겠다고 약속하셨다. 마찬가지로 덴마크는 이웃나라 에스토니아에서 십자군 전쟁에 패배할 위기에 처했을 무렵에 스칸디나비아 십자기를 받아들였다고 한다. 하느님께 기도를 마치고 나자 하늘에서 깃발 하나가 떨어졌다는 것이다. 이 일이 있은 후 덴마크의 왕

발데마르 2세는 에스토니아를 상대로 계속 승리할 수 있었다. 핀란드의 국기는 훨씬 나중에 채택되었다. 소비에트 연방에서 공식적으로 독립한 이후 애국심에 불타는 핀란드 국민은 국가를 대표하는 특별한 상징을 원했다. 파란색은 핀란드에 있는 수천 개의 호수와 북구의 하늘을 상징하며, 흰색은 겨울철에 온 나라를 뒤덮는 눈을 상징한다.

핀란드인은 국기를 자랑스럽게 여겨 국경일이나 선거일은 물론 집안에 경사가 있을 때도 어김없이 국기를 게양한다. 'Made in Finland'를 강조하기 위해 국산품 포장지에도 국기를 인쇄한다. 핀란드 사람들은 집단적으로 파란색에 매력을 느끼는 것 같다. 파란색에 대한 사랑이 국기를 숭배하는 마음에서 왔는지, 아니면 그 반대인지는 알 수 없다. 그것은 닭이 먼저냐 달걀이 먼저냐를 따지는 것과 같다. 핀란드인은 애국심을 드러내기 위해 멋스러운 푸른색 옷도 즐겨 입는다.

평등의 아이콘

오랜 기간 외세의 지배를 받다보니 핀란드에는 고유의 귀족 사회와 계급 구조가 사라졌다. 이런 점에서 핀란드는 오랜 세월 왕조가 이어져오면서 계급의식이 뿌리 깊이 남아 있는 남부 유럽이나 한국, 일본 등 동아시아의 주요국들과 다르다. 핀란드에는 '양반'같은 계층이 애당초 존재한 적이 없다. 제2차 세계대전 직후만 해도 핀란드 국민은 가난했고 경제는 주로 농업에 의존했다. 하지만 산업화와 수준 높은 교육이 중산층의 급격한 성장에 불을 지폈다. 사회적으로나 경제적으로나 대부분의 핀란드인은 같은 계층에 속한다. 국민 상호 간에 강한 동류의식을 느끼는 이유도 그 때문인지 모른다. 핀란드에서는 직원이 회사 경영진의 의견과 행동을 대놓고 비판하는 경우가 드물지 않다. 기업의 CEO, 정부 부처의 장관, 국가의 유명인사도 대중에게 놀랄 만큼 쉽게 다가간다. 외국에서 온 교육 견학단이 예고 없이 지역 학교의 교장실에 들이닥치는 것에도 거부감이 없다. 핀란드 사람들은 위계질서가 지나치게 강한 조직이나 고압적인 의사소통 방식을 태생적으로 싫어한다. 핀란드인의 절제된 표현은 뿌리 깊게 자리 잡은 전통이며 겸손은 국가적 미덕이다.

핀란드의 임금과 국세 제도는 강도 높은 평등주의에 기반을 둔다. 핀란드 회사의 임금 격차 범위는 다른 OECD 국가에 비해 훨씬 적다. 누진 세율을 적용해 임금표의 아래쪽 끝단에 해당하는 급여에는 20퍼센트를 과세하지만 고소득층으로 갈수록 세율을 60퍼센트까지 올려 수입의 균형을 맞춘다. 이 분야에서 핀란드를 따라올 만한 나라는 전 세계에 몇 되지 않는다. 결국 국민 대부분의 수입이 비슷해지며, 수준 높은 사회공공사업과 복지 제도의 혜택은 모든 사람에게 공평하게 돌아간다.

핀란드의 사회적 평등 중에서도 특히 주목할 만한 분야는 양성 평등이다. 핀란드는 세계에서 두 번째, 유럽에서 첫 번째로 여성에게 투표권을 인정한 나라다. 1906년에는 세계 최초로 여성에게 선거 출마권을 부여했다. 오늘날 핀란드의 정치계에는 여성이 남성과 동일한 정치적, 사회적 영향력을 누리는 평등 국가의 모습이 그대로 드러난다. 근래 핀란드에서 공화국 대통령과 수상을 모두 여성이 맡았던 적도 두 차례 있다. 지난 몇 대에 걸친 정부에서도 장관의 절반은 여성이었다. 의회에서도 여성이 의석의 40퍼센트 이상을 차지한다. 핀란드 여성은 전통적으로 남성의 영역으로 인식되던 공사장, 택시, 군대, 중역실에서도 눈에 띄는 활약을 펼치고 있다. 비록 급여의 평등 문제와 민간부문의 요직에 여성 대표가 상대적으로 적은 점 등이 논쟁의 여지가 되기도 하지만, 핀란드의 양성 평등 수준은 세계 어느 나라보다 앞서 있다.

탈쿠트

핀란드의 탈쿠트talkoot, 즉 '공동 협력'은 이 나라의 위대한 전통이며 구성원 간의 협조와 참여 정신을 보여주는 훌륭한 예다. 탈쿠트에 담긴 기본 정신은 미국 농촌 지역의 '헛간짓기계barn-raising' 문화와 유사하다. 핀란드의 도시화는 여느 서구국가에 비해 다소 늦은 1950년대부터 시작되었기 때문에 농촌 특유의 관습인 탈쿠트가 대도시에서도 여전히 힘을 발휘하고 있다. 탈쿠트에서는 공동체의 모든 구성원이 공동 사업에 참여해야 한다. 모든 인력과 노동은 협력 네트워크의 소중한 자원이다. 누군가 자기 일로 탈쿠트를 소집했다면 다음번에 다른 사람이 소집하는 탈쿠트에 당연히 참가해야 하는 의무가 생긴다.

핀란드인의 협동 정신은 소련을 상대로 치른 전쟁 과정에서 특히 진가를 발휘했다. 마치 다윗과 골리앗의 싸움 같은 이 전쟁에서 핀란드인은 정치성향, 성별, 종교, 사용 언어에 관계없이 하나로 뭉쳤다. 전쟁은 핀란드인에게 '카베리아 에이 야테타Kaveria ei jätetä'라는 격언을 남겼다. '친구를 두고 떠나서는 안 된다'는 뜻이다. 오늘날까지도 흔히 인용되는 이 유명한 격언은 공동체의 모든 구성원을 소중히 여기고, 공동의 목적을 달성하기 위해 필요한 인적자원을 보존해야 한다고 강조한다.

리눅스 운영체제가 만들어진 과정은 근래 핀란드의 집단적 문제 해결 방식을 가장 잘 보여준다. 훗날 세계에서 가장 중요한 오픈소스 운영체제가 될 리눅스의 핵심 기능은 리누스 토르발스Linus Torvalds라는 헬싱키대학의 학생이 완성했다. 토르발스는 그저 기존 운영체제에 붙어 있는 상업적 제한에 불만을 느꼈을 뿐이다. 그는 직접 운영체제를 만들어, 세계인 누구나 자유롭게 사용하고 개선할 수 있게 했다. 그 결과 인터넷의 기반을 형성하고 수십억 달러 규모의 소프트웨어 산업을 일으킨 세계적 탈쿠트가 탄생했다.

모든 국민에게 자연보호구역에 들어갈 수 있게 허락한 것도 핀란드 평등주의의 특징이다. 북구의 오랜 전통에 뿌리를 둔 이 관습에 따라 모든 사람은 거의 제한 없이 어느 땅에든 들어갈 수 있는 권리를 갖는다. 인구밀도가 낮은 스웨덴과 노르웨이에서도 마찬가지지만, 울타리를 치지 않은 광대한 산림 지역에는 사유권의 법적 제한이 미치지 않는다. 이 권리는 '엄격히 금지되지 않은 것은 허가된 것이다'라는 개념에 근거를 둔다. 국토 대부분의 지역에서 하이킹, 캠핑, 캠프파이어, 수영(원한다면 나체로)이 허용된다. 근래 들어 정부는 자연 서식지를 보존하기 위해 이 특권을 어느 정도 제한했지만, 다른 나라의 유사한 권리와 비교하면 여전히 그 범위가 매우 넓다. 핀란드인의 정신에 깊이 각인된 평등주의는 개인 소유의 땅마저도 모든 사람에게 개방하는 전통을 낳았다.

평등과 공동체를 중시하는 핀란드인은 국민끼리는 물론 나라 안 소수 집단과도 원만한 사이를 유지한다. 핀란드에 거주하는 5.5퍼센트의 스웨덴 인구인 '핀란스벤스카르Finlandssvenskar'와도 무난하게 지내는 편이다. 비록 서쪽에서 온 이웃이 다소 거만하고 소심하며 지나치게 수다스럽다고 생각하지만 말이다. 핀란드인과 스웨덴인은 비슷한 가치를 지니고 있어 평화롭게 공존할 수 있지만, 때로는 치열하게 경쟁한다. 승리는 언제나 기쁜 일이지만 스웨덴을 이기면 특히 값진 승리가 된다. 핀란드와 스웨덴의 아이스하키 시합은 한국-일본 간 축구경기를 연상시킨다. 핀란드인은 1995년과 2011년 아이스하키 세계 선수권대회에서 핀란드가 우승한 것에 대해 매우 큰 자부심을 가지고 있는데 스웨덴을 2위로 눌렀기 때문에 더욱 특별한 승리였다.

핀란드 vs. 한국 vs. 스웨덴의 교육방식

키르코누미 중심가의 시청 청사를 찾아갔다. 관계자를 만나 이 지역의 교육에 대해 들어보고 싶어서였다. 결국 그 도시의 스웨덴어 보육·교육과장 미카엘 플레미흐Mikael Flemmich의 사무실에 이르렀다. 이곳은 스웨덴어 사용 주민에게 서비스를 제공한다는 점을 제외하면 여느 교육부서와 다르지 않다. 강제성 없는 국가 지침이 착실히 지켜지는 편이지만 모든 지역, 도시, 학교에는 저마다의 정책과 규정이 있다. 이렇게 다양한 접근 방식이 핀란드 교육의 특징인 셈이다. 따라서 핀란드의 교육을 일반화하기란 거의 불가능하다. 이 무렵에 나는 이미 많은 핀란드인의 이야기를 들어보았지만 사람들마다 하는 말이 크게 달랐기 때문에 미카엘과 대화할 때는 전에 들은 말은 모두 접어두어야 했다.

다양성은 핀란드의 교육 제도에 깊이 뿌리박힌 신뢰와 책임에서 나온다. 따라서 교사와 학교는 원한다면 이미 효과가 검증된 옛 방식을 계속 밀고나갈 수 있으며, 새로운 경향을 따르기 위해 기존 제도를 모두 버리지 않아도 된다. 이에 대해 지방 정부에서 일하기 전에 학교 교장을 지냈다는 미카엘은 이렇게 말했다.

"교사는 자신의 학생들에게 가장 적합한 교육 방식을 선택할 재량권을 갖습니다. 최신 기술이나 새로운 교육 방법의 도입 여부를 교사 본인이 결정하는 거죠. 핀란드에서 이 권한만큼은 타협의 대상이 될 수 없습니다."

미카엘이 핀란드 교육 제도에는 옛 방식과 새 방식이, 자율성과 권위가 조화를 이루고 있다고 강조하는 이유는 그 때문이다. 각국의 교육 제도에 대해 풍부한 지식을 갖고 있는 그는 이렇게 설명했다.

"한국은 전통적 교육 방식을 채택했고 스웨덴은 새로운 방식을 선호하지만, 핀란드는 그 중간을 선택했습니다."

이것이 교육을 바라보는 핀란드의 기본적인 관점이다. 한국 교육은 평가 방식이 엄격하고 암기 위주의 학습에 의존하며 교사의 권위를 강조하기 때문에 핀란드 교육자들에게 좋은 인상을 주지 못한다. 그들은 한국 학생들이 얼마나 큰 부담을 감당해야 하는지 익히 알고 있다. 수십 년 전에는 핀란드도 다르지 않았지만 시대가 바뀌면서 교육 제도도 현대적으로 탈바꿈했다. 반면 스웨덴의 교육은 매우 자유분방하고 민주적이다.

"스웨덴에서는 모든 결정에 협의를 거치고 언제나 한층 더 유연해지려 노력합니다."

미카엘의 말이다. 핀란드인이 보기에 스웨덴 교사들은 학생을 너무 풀어놓는다. 또 스웨덴에서는 모든 사람을 만족시켜야 한다고 생각하기 때문에, 한 사람이 집단의 불만을 무릅쓰고 과감한 결단을 내리는 일이 드물다고 한다. 핀란드인은 이것이 도가 지나친 민주주의라고 생각한다. 핀란드에서는 일을 원활히 추진하려면 옛 방식대로 밀고나가야 할 때도 있다고 생각한다.

미카엘에 따르면 핀란드에서는 교사와 학생 모두 자기 본분에 충실하다고 한다. 알아서 하게 믿고 맡길 뿐 한국처럼 강요하거나 스웨덴처럼 오냐오냐 하지 않는다.

"핀란드에서는 자기 일을 반드시 좋아해야 할 필요가 없어요. 그냥 해야 할 일을 할 뿐이죠."

정부 당국이 학교 감찰을 거의 하지 않는 이유도 그 때문이다. 그 결과 다양한 요구를 만족시키면서도 효율적으로 운영되는 다채로운 교육 환경이 만들어졌다. 핀란드는 옛 방식, 새 방식, 양쪽을 결합한 방식 할 것 없이 훌륭하게 적용하고 있다. 제3자의 입장에서는 다소 혼란스러워 보이지만 말이다.

이 논점을 강조하기 위해 미카엘은 "덴마크 사람들은 퇴근 후 술을 즐겨 마시죠"라고 덧붙였다. 물론 핀란드에서는 그런 일이 드물다.

– 레네의 교육 탐방 일지

3

즐거운 우리 집
– 언어와 자연 환경

핀란드의 공식 언어는 세 가지다. 핀란드어, 스웨덴어, 라프어가 모두 공용어로 인정받는다. 사미인은 핀란드 최북단에 거주하는 사람들로, 라플란드인으로 더욱 잘 알려져 있다. 이중에서 널리 쓰이는 국어는 핀란드어와 스웨덴어다. 표지판, 안내 방송, 기차나 지하철역의 이름에는 핀란드어와 스웨덴어가 모두 사용된다. 스웨덴어를 쓰는 사람들도 본질적으로 핀란드인이다. 어머니가 스웨덴어를 쓰면 자녀도 스웨덴어 사용자로 분류되지만, 대다수의 사람들은 2개 언어를 모두 구사한다. 오로지 스웨덴어만 쓰는 지역에는 스웨덴어를 사용하는 그들만의 대학도 있다. 스웨덴어 사용자의 편의를 위해 스웨덴어로 수업하는 학교도 곳곳에 세워졌다. 이런 학교는 수업이 스웨덴어로 진행된다는 점만 제외하면 핀란드어 학교와 다르지 않다. 한 선생님은 이렇게 설명한다.

- 스웨덴 학생들은 핀란드 학생과 비교해도 의사소통과 토론능력이 매우 뛰어납니다. 학교에서 많은 훈련을 받기 때문이죠. 스웨덴 학교에서는 사회활동을 가장 중요시하는 반면, 핀란드에서는 공부 비중이 더 큽니다.

아이들은 핀란드어와 스웨덴어 외에도 제3의 언어를 배운다. 가장 선호하는 언어는 영어로, 보통 9세부터 배우기 시작한다.

언어의 힘

세계 각지에서 언어는 분열을 초래하는 원인이 되곤 한다. 언어가 다르다는 이유로 세력이 약한 집단과 강한 집단, 소수 집단과 다수 집단 사이에 충돌이 생기는 사례는 얼마든지 있다. 벨기에에서는 플라망어와 왈론어가 경쟁하며, 캐나다에서는 프랑스어를 쓰는 퀘벡 주민이 영어를 사용하는 다수의 국민과 대립한다. 바스크인은 수도 마드리드에 폭탄을 설치해 다수의 스페인 국민을 위협했다. 하지만 페어플레이 정신이 투철한 핀란드는 그런 대립을 예방하기 위해 각별한 노력을 기울인다. 핀란드에서는 26만 스웨덴어 사용자에게 편의를 제공하는 데 엄청난 예산을 투입하고 있지만 이런 정책은 반대에 부딪치지 않는다. 1917년 러시아로부터 독립하기가 무섭게, 핀란드는 스웨덴어 사용 국민에게도 문화, 교육, 사회적으로 동등한 권리를 부여한다는 조항을 헌법에 명시했다. 여러 세기 동안 스웨덴이 핀란드를 지배하면서 핀란드의 언어를 비하하고, 핀란드인과 그들의 신비스런 문화를 이류로 취급했던 과거를 생각해보면 엄청난 관용을 베푼 셈이다. 결국 스웨덴어 사용자들은 핀란드라는 너그러운 나라에서 세계 최고의 대우를 받는 소수 민족으로 살고 있다. 그들의 인구수와 영향력은 점차 감소하여, 1880년대에는 인구수가 전체 인구의 14퍼센트에 달하였지만 지금은 그 절반 이하로 줄었다. 인구 감소의 원인은 주로 핀란드어 사용자와 스웨덴어 사용자 사이의 결혼 때문이다. 그래도 그들의 권리는 계속 존중받고 있다.

어떤 지역 내에 핀란드어와 스웨덴어 중 어느 언어를 사용하는 인구가 많으냐에 따라 주요 언어가 결정된다. 핀란드의 432개 지역에서는 핀란드어를 사용하며, 스웨덴어만을 사용하는 곳은 4퍼센트에 불과하다. 10퍼센트의 지역은 두 언어를 동시에 사용하며, 21개 지역은 핀란드어를 주로 사용한다. 주민 1만4천5백 명의 작은 해안 도시 에케나스처럼 스웨덴어를 위주로 사용하는 지역은 23곳이다. 에케나스의 거리, 카페, 선착장, 학교, 의료 센터, 공공건물을 거닐다보면 들려오는 말은 온통 스웨덴어다. 주민의 80퍼센트 이상이 스웨덴어를 사용하기 때문이다. 이중 언어를 쓰는 다른 지역사회가 그러하듯 스웨덴어 사용자들은 그들만의 학교, 보육원, 보건시설, 지방정부 의회, 신문, TV 방송국을 갖고 있다. 표지판에는 스웨덴어가 위에, 핀란드어가 아래에 적혀 있다.

스웨덴어 사용자에게는 그들만의 정당과 정부 기관이 있다. 모든 이중 언어 사용 지역의 법원 청사, 여성보호소, 양로원, 관공서에서는 요청이 있는 경우 스웨덴어 사용자에게 스웨덴어로 서비스를 제공할 법적인 의무가 있다. 모든 공문서와 안내서는 스웨덴어로 번역해야 한다. 병역의무를 이행할 때 스웨덴어 사용자들은 대개 스웨덴어 사용 부대에서 복무한다. 다만 실제 전쟁이 일어났을 때의 혼란을 방지하기 위해 군령軍令은 핀란드어로 발한다. 대학에도 스웨덴어 사용자를 위한 정원을 할당해 놓았다. 이를테면 헬싱키대학 법학과의 정원 230명 중 최소 18명은 스웨덴어 사용자여야 한다.

핀란드의 전쟁 영웅으로 유명한 육군 원수 만네르헤임Mannerheim의 친누나 소피 만네르헤임Sophie Mannerheim은 이중 언어를 사용하는 지역 공동체가 핀란드 정체성을 결정한다는 견해를 밝혔다. 그녀는 스웨덴어를 사용하는 핀란드인으로, 국가 건립 초기인 1920년대에 가장 명망이 높은 여성 중 하나였다. 그녀는 이렇게 말했다.

- 두 문화의 만남은 물론 충돌마저도 핀란드의 특수성에 기여하는 요인이 되었습니다. 핀란드의 문화가 다른 국가보다 풍부한 이유도 그 때문입니다. 여러분처럼 핀란드어를 사용하는 핀란드인이 없었다면 우리는 평범한 스웨덴인에 불과했겠죠. 하지만 여러분 덕분에 우리는 스스로에게 자부심을 느끼면서도 핀란드를 참된 조국으로 인식하는 진정한 핀란드인이 되었습니다. 국가의 특별한 정체성을 유지하기 위해서는 핀란드어를 사용하는 핀란드인과 스웨덴어를 사용하는 핀란드인이 모두 필요합니다.

이러한 사고방식은 다양한 언어와 문화에 대한 국민의 이해를 높여 결국 투명한 민주주의 확립에 기여했다.

핀란드의 자연 환경

핀란드의 지리는 다른 북유럽 국가와 차이가 있다. 핀란드는 유럽 대륙 최북단에 있는 나라다. 사실상 나라 전체가 북위 60도 이북에 위치하고 국토의 약 25퍼센트는 북극권에 속한다. 선캄브리아기에 형성된 기반암 속에는 다양한 광물이 매장되어 있지만 매장량이 많지 않고 광석의 금속 함유량이 적기 때문에 채굴을 제한하고 있다. 더욱이 광산 대부분은 얼어붙은 북극 땅에 있다. 목재는 핀란드에서 가장 중요한 자연자원이다. 전 국토의 75퍼센트가 숲으로 뒤덮여 있는데 가장 흔히 볼 수 있는 수종은 소나무, 가문비나무 등이다. 하지만 핀란드의 가장 중요한 자원은 무엇보다 국민이다. 제2차 세계대전 이후 핀란드는 국가 경쟁력을 갖추려면 교육을 통해 국민의 수준을 높여야 한다는 인식을 갖게 되었다. 1963년에 핀란드 의회는 국가 경제 발전을 위해 공교육을 강화하기로 결정했다. 결국 핀란드의 우수한 교육 제도는 살아남기 위한 절박한 몸부림의 산물이다.

핀란드인은 야외활동을 좋아한다. 11월부터 시작되는 핀란드의 겨울은 3월이나 4월까지 이어지기도 한다. 12월에 헬싱키를 중심으로 한 남부 지역에서는 단 6시간만 빛을 볼 수 있다. 12월부터 1월 중순까지 라플란드의 북부 절반에는 해가 완전히 뜨는 일이 없다. 이곳은 북극권에 속하는 지역으로 하늘이 맑을 때는 한 해에 200일가량 오로라 보레알리스Aurora borealis 또는 북극광을 볼 수 있는 곳으로 유명하다. 하지만 여름에 남부 지역에는 평균 18~19시간 동안 해가 떠 있다. 5월 중순부터 6월까지 라플란드에서는 해가 절대 지지 않고 24시간 내내 환한 대낮이 유지되는 백야가 계속된다.

핀란드인들이 여름만 오면 전력을 다해 계절을 만끽하는 이유도 그 때문이다. 외국인 방문객들은 핀란드가 여름에는 딴 나라가 되는 것 같다고 입을 모은다. 큰 축제만 해도 8개가 넘고 전국 곳곳의 마을과 도시에도 작은 축제가 열린다. 모두들 다른 지역으로 떠나는 분위기라 도시는 상대적으로 한산하다. 대부분의 핀란드인은 시골에 여름 별장을 갖고 있는데, 개중에는 수돗물이나, 인터넷, 전기가 들어오지 않는 곳도 있다. 별장은 그저 소박한 생활을 즐기며 재충전을 하는 곳이다. 핀란드 곳곳에 있는 호수에서 낚시, 벌목, 수영을 하거나, 모기에 물어뜯기거나, 사우나를 이용하거나(집 안에 설비를 갖춰 놓고 부속 건물로 짓기도 한다), 나무 열매나 버섯을 따는 것 등이 여름철 휴양활동의 전부다.

한 나라의 국민성은 그 나라의 자연 환경과 지역적 특징을 닮는다. 핀란드는 스텝, 툰드라, 풍부한 삼림, 187,888개의 호수(누가 시간이 남아돌아서 그 많은 것을 다 세었는지 궁금하다)로 뒤덮인 나라다. 탁 트인 평원이 끝없이 펼쳐져 있으며, 도시는 작고, 자연은 눈부시게 아름답다. 기온은 혹독한 겨울과 따뜻한 여름의 양극단을 오간다. 핀란드인은 강인하고, 정직하고, 근면하며, 믿을 만한 사람들이다. 사회적 책임감이 강하고, 현실적이며, 비교적 소박한 취향을 갖고 있다. 프라이버시를 매우 중시하며 타인의 공간을 존중하여 상대방의 눈을 똑바로 쳐다보지 않는다. 이런 습관은 아시아에서는 일반적이지만 유럽 국가에서는 흔치 않다. 핀란드인은 대체로 강건하고 과묵한 편이다. 나라 전체가 자폐증에 빠진 것 같다고 비아냥거리는 사람들도 있다. '말은 은이고, 침묵은 금이다'는 전 세계에 널리 알려진 격언이지만, 핀란드인의 과묵함을 직접 겪어보면 이 말이 핀란드인의 머릿속에서 나온 게 아닐까 생각하게 된다.

핀란드의 정신

'시수Sisu'는 핀란드인의 정신 세계를 요약하는 말이다. 핀란드 사람들이 주장하는 것만큼 번역하기 어려운 말은 아니지만 핀란드 문화의 특별한 면모를 잘 보여주는 단어다. 열정, 끈기, 고집, 결단력, 완고함 등의 뜻이 담긴 말로, 한 번의 실패로는 절대 포기하지 않는 핀란드인의 굳센 정신을 대변한다. 고립된 지역에서 열악한 기후와 싸우며 역경을 헤치고 살아남기란 쉬운 일이 아니다. 핀란드인은 곰과 모기떼를 물리치며 늪지를 농지로 개간해야 했다. 영하 30도에서 오랜 시간 얼음낚시를 하려면 분명 핀란드인 같은 강인함이 필요할 것이다. '세계 사우나 오래 참기 대회'에서도 핀란드인의 정신력을 제대로 엿볼 수 있다. 이 대회에 참가하면 달구어진 돌 위로 이따금씩 물이 쏟아지는 사우나에 앉아, 110도의 열기를 참고 버텨야 한다. 사우나 안에서 가장 마지막까지 견디는 사람이 승리자가 된다. 핀란드 남성은 절대 외국 참가자에게 지는 법이 없다. 시수는 불평하지 않고 인내한다는 뜻이다. 역경을 금욕적으로 이겨내는 능력은 큰 미덕으로 봐야겠지만, 여기에도 역시 어두운 면이 있다. 핀란드인의 '꾹꾹 참는 태도'는 자신의 문제를 혼자서만 간직하며 술로 시름을 잊으려 하는 성향을 가져왔다. 그래서인지 핀란드에서는 알코올 남용이 매우 흔하다. 핀란드인은 '행복지수'가 세계적으로 높다고 알려져 있지만, 자살률 또한 비교적 높다.

다른 북유럽 국가에서도 마찬가지지만, 그리스도교의 한 갈래인 루터교는 6세기 핀란드인의 영혼을 사로잡았다. 건실한 노동과 겸손의 미덕은 핀란드인의 기질과 맞아떨어져 그들의 마음에 깊이 뿌리내렸다. 교회 일에 적극적인 사람은 소수지만 모든 국민은 루터교의 유산을 어깨에 지고 있다. 그들은 '흙으로 돌아갈 때까지 얼굴에 땀을 흘려야 양식을 먹을 수 있으리라'라는 성경 구절을 지금까지 높이 떠받든다. 핀란드인은 고난을 즐기는 것 같은 인상마저 풍긴다. 그들은 가장 힘겨운 상황에서 가장 뛰어난 역량을 발휘한다. 핀란드인은 본능적으로 좋은 것은 쉽게 얻을 수 없다는 생각을 갖고 있다. 더구나 그들은 매우 겸손하여 자신의 성공을 자랑해서도, 축하해서도 안 된다고 생각한다. 이 모두가 핀란드의 교육관에도 반영되어 있다. 핀란드인은 멀티태스킹을 지양하고 한 번에 한 가지에 철저히 집중해야만 좋은 결과를 얻을 수 있다고 믿는다. 우수한 교육에 대한 자부심은 일반적인 공립학교에 한정되지 않는다. 핀란드 사람들은 핀란드의 직업학교, 산업정보학교, 대학 또한 일류라고 생각한다. 또한 핀란드 사회에서는 전문자격과 그것을 증명하는 자격증을 중시한다.

핀란드는 세계에서 범죄율이 가장 낮은 국가에 속한다. 국민 모두가 양심적이고 행동거지가 반듯하여 다른 나라에 비해 인구 대비 경찰 수가 많지 않다. 그래서인지 핀란드인들은 외국에 휴가를 갔다가 날치기라도 당하면 큰 충격에 빠진다. 횡단보도의 신호등이 빨간

색일 때는 한겨울 새벽 2시에 차도가 텅 비어 있어도 아무도 길을 건너지 않는다. 기업과 정치권의 부패를 감시하여 대중에 공표하는 민간 단체인 국제투명성기구는 핀란드에 매우 높은 점수를 준다. '정직은 최선의 전략이다'라는 말은 유대교와 그리스도교 유산을 지닌 나라에서는 당연한 진리이지만, 실천하기는 어렵다. 하지만 핀란드에서는 정직이 최선의 전략일 뿐 아니라 유일한 전략이다. 핀란드인의 준법정신과 타고난 정직성은 교육에서도 드러난다. 미국교육평가원Educational Testing Service, ETS의 SAT 시험 문제는 동유럽이나 아시아에서 종종 몰래 복사되어 시중에 나돌지만, 헬싱키에서 뉴욕, 캘리포니아(지구 동쪽 편에서는 같은 시험을 여러 시간 뒤에 치른다)로 유출되는 일은 없다. 물론 핀란드에서는 시험 부정행위도 매우 드물다.

핀란드인의 유난스런 정직성이 모두 루터교 전통에 기인한다고 볼 수는 없다. 핀란드의 산타클로스인 요울루푸키Joulupukki는 핀란드의 북쪽 영토인 라플란드에 산다고 한다. 산타클로스가 그렇게 가까이 살고 있어서 핀란드인의 행동이 모범적인 것은 아닐까? 요울루푸키는 미국 산타클로스 이야기의 기원으로 볼 수 있지만 둘 사이에는 차이도 있다. 요울루푸키의 집과 작업장은 핀란드와 러시아의 접경지대인 코르바툰투리 산에 있지만, 그의 미국 친구는 북극 근처 어딘가에 산다고 알려져 있다. 또한 밤늦게 굴뚝을 타고 집에 몰래 들어오는 산타클로스와 달리, 요울루푸키는 가족들이 크리스마스 이브 파티를 하고 있을 때 현관문을 두드린다고 한다. 그는 집에 들어서면서 가족들에게 "여기 착한 아이가 있나요?"라고 물어본다. 요울루푸키는 따뜻한 빨간 옷을 입고, 지팡이를 손에 들고 있으며, 여러 마리의 순록이 끄는 썰매를 타고 다닌다. 그러나 산타클로스처럼 하늘을 날지는 못한다. 요울루푸키에게는 요울루무오리Joulumuori(크리스마스 할머니)라는 아내가 있지만 그녀에 대해 알려진 사실은 거의 없다. 아무리 평등을 중시하는 핀란드라 해도 여성의 평등권이 아직 라플란드와 클로스 부인에게는 미치지 못한 것 같다. 평등의 나라, 핀란드에서조차도 아직 개선의 여지가 남아 있는 것이다.

추위와 눈의 나라

내가 아는 나라 중 핀란드와 가장 비슷한 자연 환경과 기후를 지닌 곳은 어릴 때 살았던 러시아다. 몇 해 전 여름, 러시아를 다시 방문했을 때 핀란드에 가장 가까이 다가갈 기회를 얻었다. 나는 한때 학생들을 가르쳤던 상트페테르부르크의 학교를 방문하는 중이었는데 학교 사람들과 함께 핀란드 접경으로 캠핑을 떠나게 되었다. 향기로운 소나무가 곧게 뻗어 있고 온갖 들꽃이 만발한 그곳의 자연은 아름다움 그 자체였다. 우리는 덤불에서 바로 열매를 따먹고, 직접 잡은 물고기로 수프를 만들었으며 곳곳에 흩어진 호수에서 헤엄을 쳤다. 해질녘이 되면 나무 그림자가 길어지면서 주위가 온통 금빛으로 물들었다. 나는 이곳이 이렇게 아름답다면 핀란드도 틀림없이 무척 아름다울 거라 생각했다. 그래서 언젠가 핀란드에 가보겠다고 마음먹었다.

우리 가족은 내가 4살 때 러시아로 건너가 8년을 살았다. 핀란드에 대해서는 러시아보다 훨씬 작지만 부유한 나라라는 사실밖에 몰랐다. 러시아 사람들이 핀란드 국경을 건너 식료품 같은 간단한 물건을 사오는 모습은 많이 보았다. 외국인들이 내게 러시아는 항상 춥고 컴컴하지 않느냐고 물을 때면 괜히 속이 상했다. 오히려 러시아에는 뚜렷한 사계절이 있다. 온갖 꽃이 만발하는 봄, 따뜻하고 쾌적한 여름, 선선하고 울긋불긋한 가을, 매서운 겨울. 분명 러시아의 겨울은 혹독하기로 악명이 높고, 6개월씩이나 지속된다. 10월부터 눈이 내릴 때도 있다. 11월 중순이 되면 한겨울로 접어들어 이내 눈과 얼음으로 뒤덮인다. 외국인들은 러시아처럼 북쪽 나라에 사는 사람들도 추위를 타는지 궁금해 한다. 지독한 추위를 견디다보면 내성이 길러지지만, 인간이기에 당연히 추위를 느낀다. 사실 추위에 맞서는 비결은 옷차림인데, 러시아인과 핀란드인은 옷을 입을 줄 아는 것 같다. 그러면 그런 기후에서는 옷을 어떻게 입어야 할까? 모직 옷을 여러 벌 겹쳐 입는 것이 요령이다. 나는 러시아에서의 경험을 떠올리며 핀란드의 기후에 철저히 대비했다.

핀란드에 올 때 이런 장비를 모두 챙겨왔지만 이 지역의 실정에는 제대로 대비하지 못한 것 같았다. 핀란드에 도착했을 때가 저녁 무렵이라 기상 상태가 어떤지 제대로 파악할 수 없었다. 하지만 다음날 아침에 잠을 깨보니 여전히 사방이 깜깜

했고 10시가 되어서야 날이 밝기 시작했다. 오후 3시 반쯤 되자 다시 어둠이 밀려왔다. 첫째 주는 흐리거나 비가 왔고, 둘째 주에는 평균 기온이 대략 영하 15도로 떨어졌다. 어린 시절 익히 겪었던 날씨이긴 하지만 이번엔 도무지 적응이 안 되었다. 눈에 계속 눈물이 맺히고, 콧물이 줄줄 흘렀으며, 입술이 부르트고, 손과 얼굴은 건조해지고, 머리카락엔 정전기가 이는 등 오랫동안 잊고 있던 현상이 다시 찾아왔다. 세찬 바람이 얼굴을 할퀴는 건 물론이고, 손에도 감각이 없어져서 장갑을 끼고 벗기도 힘들었으며, 두꺼운 옷 때문에 움직임도 둔해졌다. 러시아에 살 때는 이런 날씨를 대체 어떻게 견뎠었나 싶었다.

이럴 때는 아예 동면에 들어가거나, 꼼짝 않고 침대 속에 몸을 파묻고 싶은 생각이 굴뚝같았다. 하지만 사람들을 만나거나 학교를 찾아가 인터뷰를 하기 위해 날마다 밖으로 나가야 했다. 외출할 때마다 날씨에 맞서 싸워야 했다. 내 겨울 패션은 세련되긴 했어도 충분히 따뜻하지는 않았다. 중학교 때 서울에서 동방신기 무료 콘서트를 보려고 친구와 야외에서 하루 종일 오들오들 떨며 기다린 날 이후로, 나는 추위에 매우 예민해졌다(뿐만 아니라 동방신기를 아주 싫어하게 되었다). 하루 종일, 그리고 밤늦게까지 작업에 매진하다보니 결국 문제가 생기고 말았다. 헬싱키 시내의 사진을 찍느라 한참을 돌아다닌 날, 나는 감기에 걸려 앓아누웠다. 그후 며칠 동안 만나는 사람들에게 감기를 옮기지 않으려 안간힘을 쓰면서 인터뷰를 하다보니, 이렇게 추운 나라에서 다시는 살고 싶지 않다는 생각이 들었다. 결국 몇 년이나 기대했던 핀란드의 아름다운 여름 풍경을 경험하지 못했지만, 그곳에서의 시간은 여전히 친숙하고 그리운 기억으로 남아 있다. 나는 인간이 극단적인 기후 속에서 살다보면 점차 거기에 적응하게 되어 있다고 믿지만, 그런 나라에 사는 사람들을 새삼 우러러보게 됐다. 러시아(또는 핀란드!)에서 다시는 살 수 없을지도 모르지만, 지구에서 가장 혹독한 곳이 사실은 가장 아름다운 곳인지도 모른다.

– 레네의 교육 탐방 일지

4

폐허 속에 이룬 핀란드 신화
– 교육 관계자 유카와의 만남

헬싱키 외곽 에스푸의 알토대학교는 2010년에 헬싱키공과대학, 헬싱키경제대학, 헬싱키예술디자인대학이 통합되면서 새롭게 출범한 학교다. 로비에서 유카Jukka Paatero를 기다리는 동안 겉옷을 한 겹씩 벗기 시작했다. 유카는 레네를 금방 알아보았다. 그는 인상 좋은 40대의 남자로, 머리는 살짝 벗어졌고 콧수염을 기르고 있었다. "같이 식사나 하면서 얘기해요." 그가 말했다. 식당이 있는 건물로 가기 위해 5분이나 걸려 옷을 다시 하나하나 걸쳐 입었다.

유카는 다양한 문제에 대한 전문가 의견을 구하러 찾아오는 언론사의 방문에 익숙한 모양이었다. 방문객 응대 역시 학교에서 그의 공식 업무로 인정받고 있다. 그는 정확히 말해 교수는 아니었고 공식 직함은 '공과대학 전임강사'라고 했다. 그는 도시 에너지 시스템, 에너지 시장 등 전반적인 에너지 관리와 에너지 경제 관련 과목을 가르친다. 또 학생들의 학사, 석사, 박사 학위 논문도 지도한다. 그는 1991년에 석사 과정을 시작했지만 도중에 몇 년을 쉬는 바람에 1998년에야 마칠 수 있었다. 박사 과정에 들어간 2000년부터는 학업과 일을 병행하고 있다. 교환학생으로 미국에 다녀온 적도 있다. 그는 "성인기 대부분을 이 학교에서 보낸 셈이네요"라며 웃었다.

우리의 대화는 마침내 핀란드와 한국이 제2차 세계대전 이후의 역경을 극복한 과정이라는 주제에 이르렀다. 양국 모두 농업에 의존하는 빈곤한 나라였다는 공통점이 있다. 하지만 문화와 지리적 환경의 차이로 국가를 재건하는 과정은 서로 상당히 달랐다. 핀란드는 전쟁 빚을 갚는 데 혼신의 노력을 기울였다. 반면 한국은 일본의 식민지배가 끝난 이후에도 한국전쟁으로 고통받아야 했다. 핀란드는 복지 국가를 건설하여 국민들을 보살필 수 있었지만 한국 국민들은 국가의 도움을 받지 못한 채 스스로 가난을 극복해야 했다. 핀란드 국민은 전쟁의 아픔을 이겨내는 과정에서 하나로 뭉쳤지만 한국에서는 이 무렵부터 분열의 역사가 시작되었다. 나라가 분단되는 시련 속에서도 박정희라는 강력한 지도자의 지휘 아래 경제적으로 상당한 발전을 이루었다. 한국에서 교육은 개인과 그 가족이 생계유지를 위해 아등바등하는 삶을 벗어나 신분상승을 할 수 있는 유일한 수단으로 여겨지게 되었다. 하지만 이렇게 경쟁을 중시하는 분위기는 사회적 지위와 부를 얻는 데 집착하는 문화를 낳았다. 이와 대조적으로 핀란드에서 교육은 핀란드 국민의 협력과 평등을 강화하는 역할을 했다.

제2차 세계대전이 핀란드를 비롯한 유럽 국가에 남긴 극심한 후유증에 대해서는 유럽 안팎에서 모두 과소평가되는 경향이 있다. 유카는 전쟁이 유럽 각국에 어떤 영향을 주었으며 어떤 상처를 남겼는지 되돌아보았다. 또 자신처럼 전쟁을 직접 경험하지 못한 세대에 미친 영향에 대해서도 깊이 생각해보았다.

- 저의 성장 과정에서 전쟁이라는 역사는 새로운 시각을 열어준 계기가 되었어요. '나는 누구인가?'에 대해 돌아보아야 한다는 생각을 심어주었죠. 그러자 전쟁이 우리에게 얼마나 큰 짐을 안겨줬는지 깨달았어요. 전쟁과 관련한 사실들은 지금도 텔레비전에서 늘 접할 수 있지만 불편한 과거사를 가슴 깊이 받아들이기는 쉽지 않아요. 하지만 그런 역사가 우리에게 어떤 의미가 있는지, 우리의 내면에 어떤 영향을 줬는지 이해하고 사람들에게 치유가 필요하다는 사실을 깨닫기란 훨씬 더 어렵습니다.

- 어린 시절에는 그런 문제에 대해 깊이 생각해보지 않았어요. 20대가 되어서야 비로소 똑바로 바라볼 수 있게 되었죠. 세계 어디든 전쟁을 겪은 사람들은 비슷한 상처를 갖고 있을 거라 생각해요. 상처가 주는 고통이 두려워 외면하려고만 하면 자신의 감정에 충실하기 어렵지요. 물론 직접 겪어보지 못한 현실에 공감하기란 쉽지 않습니다. 하지만 세계 곳곳의 사람들이 이런 상처를 안고 있다면 이 고통을 이겨내려 애쓰는 그들의 노력을 이해하기 위해서라도 이를 직시해야 합니다. 따지고 보면 그리 오랜 과거의 일도 아니니까요.

그는 핀란드가 전쟁의 아픔을 딛고 오늘날의 발전을 이룩하기까지 과정을 설명해주었다. 핀란드는 역사적 경험에서 얻은 교훈을 현재에 어떻게 적용할지 고민했다. 국민들은 변화에 적응하는 법을 알았고, 오랜 세월 동안 나라를 위해 헌신적으로 노력했으며, 필요할 때면 기꺼이 방향을 전환했다.

- '핀란드의 기적'이라는 말이 나온 데는 뚜렷한 역사적 배경이 있어요. 핀란드는 전쟁에서 졌지만 독립을 유지했지요. 정치적으로든 경제적으로든 하나의 나라를 유지하기 위해 많은 압박을 견뎌야 했어요. 굳세게 버티지 않으면 나라가 무너졌을 테니까요. 이런 마음가짐이 지금의 핀란드를 만들었어요. 우리는 러시아에 어마어마한 전쟁 보상금을 지불해야 했습니다. 당시에는 이렇다 할 산업도 없었고 아무런 밑천도 없었죠. 하지만 전쟁 직후부터 온 나라가 러시아에 갖다 바칠 제품을 생산하는 데 주력했어요. 그렇게 해야만 러시아가 빚을 못 갚았다고 우리나라를 집어삼키는 것을 막을 수 있었으니까요. 어찌 보면 두려움에서 나온 행동이었지만 전 국민이 한마음이 되는 계기가 된 것만은 분명해요. 정치적 성향도 아무런 문제가 되지 못했고, 그저 할 일을 하기 위해 힘을 모아야 한다는 생각뿐이었어요.

- 결국 종전 30년 만에 놀라운 성과가 나타났습니다. 제지와 펄프 산업은 물론 철도 설비, 자동차, 산림용장비 등 기계제조업

이 눈부시게 꽃을 피웠죠. 바로 오늘날의 핀란드를 일으킨 기반이 된 산업들이에요. 빈손에서 시작해 모든 걸 이룬 셈이죠. 핀란드는 전쟁 빚을 실제로 다 갚은 몇 안 되는 나라 중 하나예요. 러시아가 일부는 탕감해준 걸로 알고 있지만 그것은 말 그대로 극히 일부일 뿐입니다. 핀란드 사람들은 실제로 빚을 다 갚았다는 데 엄청난 자부심을 느끼고 있어요. 이를 계기로 유럽 국가 중에서는 유일하게 러시아와 경제적으로 밀접한 교류를 하고 있고요. 오랜 세월 핀란드의 품질 좋은 제품을 공급받은 러시아는 빚이 청산된 후에도 계속 핀란드 제품을 원하게 됐죠. 결국 수십 년간의 교역 관계가 형성되었어요. 그런 점에서는 운이 좋았다고 해야겠죠. 다른 유럽 국가들은 동구 진출에 상당히 애를 먹었으니까요. 추가 비용이 발생하는데다 무역장벽도 높았고 그 지역에는 시장도 제대로 형성돼 있지 않았어요. 그것이 핀란드 경제 성장의 기반이자 교육 제도가 비약적으로 발전하는 원동력이 되었죠.

- 노키아 같은 회사, 그리고 최근에 성장한 바이살라Vaisala(환경 및 산업 계측 장비), 커넥트Connect(경영 및 금융 개발), 코네Kone(엘리베이터와 에스컬레이터), 로비오Rovio(모바일 게임 앵그리버드Angry Birds를 만든 회사) 등은 국제적으로 크게 성공한 기업입니다. 회사마다 그들만의 스토리가 있죠. 각자의 스토리가 워낙 특별해서 하나로 뭉뚱그려 핀란드의 스토리라고 말하긴 어려워요. 모두 핀란드의 정신을 반영하지만 사연은 모두 제각

각이라는 얘기죠. 이들 기업의 배경도 연구해볼 가치가 있을 것 같아요.

유카는 친구나 아는 사람들에게 전해 듣고 한국어에 대해 조금 알고 있었다.

- 한국어를 공부한 사람한테 듣기로는 핀란드어와 공통점이 많다고 해요. 물론 언어 자체는 확연히 다르지만 문법의 논리와 구조가 비슷하대요. 글자를 소리 나는 대로 쓴다는 점도 같고요.

유카는 언어의 형식이 언어 사용자의 사고 체계에 큰 영향을 준다고 생각했다.

- 언어는 사고방식에 많은 영향을 줍니다. 한국어에 여러 단계의 높임말이 있고 서열을 나타내는 표현이 많다는 점에서 이 사회의 특징을 추측할 수 있지요. 핀란드어에는 그런 표현이 없어요. 공식적으로는 높임말과 낮춤말이 있지만 핀란드 구어에서 겸양어는 완전히 자취를 감춘 상태예요. 연장자에게도 반말로 이야기할 수 있죠. 물론 정중한 표현을 써도 되지만 일반적이지는 않아요. 모든 사람이 평등해졌다는 뜻이겠지만 그런 변화 속에서 잃은 것도 있어요.

'그'와 '그녀'의 구분이 없고 오로지 'hän'이라는 중성 단어만 존재한다는 사실에서도 핀란드어에 내재된 평등성을 엿볼 수 있다. 유카는 한 언어의 구조를 보면 많은 것을 알 수 있다고 생각한다.

- 언어에 높임말이 있으면 사회에도 계층이 있다는 뜻이에요. 한국만큼 뚜렷하지는 않지만 핀란드에도 분명 사회 계층이 존재하죠. 멘토나 교사도 있고요. 하지만 계층에 대한 존경심이 사라지고 있다는 징후도 나타나고 있어요. 농업 사회가 단 몇 십 년 만에 고도로 현대화된 산업사회로 바뀌면서 모든 여건이 달라졌어요. 그 과정에서 옛날의 사회 구조는 자취를 감췄고요.

언어 역시 끊임없이 변화를 겪는다. 유카는 핀란드어의 변화를 보면 현대 핀란드 사회에서 사라지고 있는 것이 무엇인지 알 수 있다고 생각한다.

- 한국에는 사회적 지위에 대한 뿌리 깊은 존경심이 지금까지 남아 있어요. 사회계층을 인정하고 자신의 처지를 있는 그대로 받아들이죠. 하지만 핀란드인의 사고방식은 달라요. 젊은이들 중에는 자신이 사회에서 어느 위치에 속하는지 몰라 방황하는 사람들이 많아요. 그런 현상이 언어와 관련 있다고 생각해요. 언어는 우리의 위치와 주변과의 관계를 정립해주니까요. 언어에서 정해주지 않으면 다른 방법을 통해 자신의 사회적 위치를 찾아야 하죠.

유카에 따르면 핀란드에는 평등을 지나치게 강조하는 탓에 부작용도 나타나고 있다고 한다. 그는 사회 구조가 계층적이든 수평적이든 사회적 책임은 달라지지 않는다고 생각한다.

- 사실은 세상 누구도 평등하지 않아요. 우리는 저마다 독특하고 특별한 존재들이죠. 하느님 앞에서 같은 가치를 공유한다는 점에서는 평등하지만, 각자의 처지는 크게 달라요. 모든 사람이 평등하다고 단정해버리면 그런 차이점이 무시될 수 있어요. 이를테면 남자와 여자가 완전히 똑같다고 할 수는 없겠죠. 너무 평등만 내세우면 자신의 정체성을 착각하게 될 수도 있고요. 물론 평등의 이점도 얼마든지 있겠죠. 불우한 계층에 대한 우리 사회의 배려는 매우 바람직하다고 생각하지만, 그것이 평등을 중시한 결과라고만은 볼 수는 없어요. 계층 사회에도 도덕적 책임은 존재하니까요. 계층구조 내에서는 누구에게 더 큰 책임이 있는지 명확히 알 수 있지만, 낮은 계층에 속하는 사람이라고 책임을 면제받는 것은 아니죠.

유카는 이러한 문제가 제2차 세계대전 이후부터 나타났다고 본다. 전쟁 중에, 그리고 전쟁 직후에 핀란드인은 빈곤에서 벗어나겠다는 공동의 목표로 하나가 되었다. 하지만 유카가 보기에 그 시기가 지나고 핀란드가 선진국으로 발전하자 한때 사회와 문화를 하나로 이어주었던 결속력과 방향성이 사라졌다.

- 핀란드 사회 역시 어떤 면에서는 많은 문제를 내포하고 있어요. 다만 교육 부문 등 국제적으로 인정받는 뛰어난 성과에 가려져 드러나지 않을 뿐이죠. 전쟁을 계기로 모든 사람이 같은 출발점에 서게 되었어요. 모든 핀란드인이 같은 상처를 공유하게 되었죠. 전쟁을 직접 겪은 세대는 내면에 엄청난 상처를 입게 되었고, 그런 상처는 몇 세대에 거쳐 계속 전해 내려왔습니다. 핀란드 사람들을 가까이서 지켜보며 그들의 정신 세계를 들여다보면 이 상처를 쉽게 느낄 수 있어요. 하지만 모든 사람에게 같은 고통을 안겨주는 한편 그것을 극복하려는 의지를 주었다는 점에서 전쟁의 상처는 부담인 동시에 축복이라고 할 수도 있어요. 하지만 지금 우리는 이런 보편적인 고통이 존재하지 않는 나라에서 살고 있어요. 고통은 이미 과거사가 되었죠. 아픔은 여전히 남아 있다 해도 적어도 밖으로는 드러나지 않아요. 그래서인지 지금 핀란드에는 더 이상 새롭게 추구해야 할 방향이 없어요. 물론 핀란드에만 해당하는 문제는 아니겠지만요.

유카는 핀란드 학생과 직장인에게 어떤 특징이 있는지 설명했다.

- 핀란드 아이가 미국에 공부하러 가면 십중팔구 자폐증 환자 취급을 받는다는 말이 있어요. 사회성이 별로 없고 내향적이면서 수줍음을 많이 타기 때문이죠. 핀란드인의 정신 작용을 실제로 연구한 사회학자들에 따르면 핀란드 학생들은 말수가 적고 사람들과 어울리기를 좋아하지 않지만 외향적인 학생들에

비해 사회적 스트레스를 쉽게 극복한다고 해요. 스트레스가 많은 환경에서는 핀란드 아이들이 활달한 아이들보다 적응을 잘한다는 얘기죠. 그건 분명 큰 장점이에요.

- 스웨덴 회사와 핀란드 회사가 합병하면 내부에서 엄청난 문화 충돌이 일어난다고 해요. 스웨덴의 리더십과 인간 관계가 핀란드와 크게 다르니까요. 스웨덴 사람들은 핀란드의 리더십이 너무 융통성이 없고 엄격하다고 해요. 리더가 지시를 내리면 모두들 군말 않고 그대로 따른다는 거죠. 하지만 핀란드인이 보기에 스웨덴 사람들은 너무 말이 많아요. 무슨 일을 하든지 토론을 거치기 때문에 업무 시간의 대부분을 회의에 쏟아붓죠. 반면 핀란드인은 각자 자기 일을 하는 데 익숙해서 회의를 많이 할 필요가 없어요. 업무 분장이 명확하다면 다들 아무 문제가 없다고 생각하죠. 이런 차이는 대체로 국민성과 관계가 있어요.

이런 점에서 핀란드 문화는 사람들과 어울리며 사회성을 길러야만 기회를 붙잡을 수 있다고 보는 미국 문화와도 크게 다르다. 유카는 미국생활을 계기로 그 차이를 잘 이해하게 되었다. 그러나 시대가 바뀌면서 핀란드에서도 화합과 사회성을 점점 중시하고 있다. 요즘 핀란드인 중에는 팀원들과의 협력에 능한 사람도 많다.

- 한때는 대학이 매우 안정적인 직장이었기 때문에 평생 일자리

를 잃을 걱정은 할 필요가 없었죠. 교수들은 외부 압력에 시달리지 않았기 때문에 저마다 개성이 매우 강했어요. 하지만 지금은 경쟁이 치열해진데다 외국인 지원자도 몰리고 있어 더 이상 철밥통이라고 할 수 없어요. 물론 대학은 학문의 변화에도 적응해야 합니다. 예전에는 매우 보수적인 분위기였지만 지금은 다방면에 걸쳐 변화를 추구하고 있어요. 과거에 대학은 각자 연구팀을 거느리고 원하는 연구를 마음껏 수행할 수 있는 독립된 연구자들의 집단이었죠. 지금도 여전히 연구의 자유는 보장받고 있지만 조직의 구성원으로서 부담해야 할 임무도 늘어났어요.

유카는 이렇게 무엇이든 스스로 해내려는 사고방식 덕분에 핀란드인의 혁신능력이 전 세계에 널리 알려지게 되었다고 생각한다.

• 핀란드 국민은 아주 성실해요. 창의적인 사람도 많고요. 하지만 팀으로 일할 때는 별로 창의력을 발휘하지 못하는 것 같아요. 일부 회사에서는 팀워크를 강조하고 있고, 실제로 팀워크에 뛰어난 사람들도 있지만 핀란드의 회사에서 흔히 볼 수 있는 모습은 아니에요. 혁신의 주체는 오히려 비전을 가진 리더나 뛰어난 개인입니다.

유카는 다른 유럽 국가와 비교할 때 핀란드의 공학이 어떤 경쟁력을 지니고 있는지 설명해주었다.

- 제가 한국 교육 제도는 잘 모르지만, 핀란드 제도를 다른 유럽 국가나 미국과 비교할 수는 있어요. 핀란드에서는 대학 교육이 무료입니다. 고등 교육은 전액 정부 지원을 받죠. 따라서 출신 배경은 대학 교육을 받을 기회에 아무런 영향을 주지 못해요. 능력이 있고 성적만 좋으면 누구든지 대학에 갈 수 있습니다. 사회에서 모든 사람에게 그런 기회를 주는 거죠.

- 핀란드 대학은 높은 수준의 학업능력을 요구합니다. 핀란드에 교환학생이 많아서 학교에서 다른 유럽 학생들도 많이 만날 수 있는데, 핀란드 학생들은 유럽 학생들에 비해 학력 수준이 대체로 높습니다. 외국 학생들 중에는 핀란드의 교과 과정을 힘들어하는 학생들이 많아요. 우리의 석사 학위 논문도 아주 높은 수준을 요구하죠. 스스로 문제를 분석하고 해결하는 것이 외국 학생들에게는 큰 부담인가 봐요. 여기 대학에서 석사 학위를 취득하면 독일 같은 나라에서 박사 학위도 절반쯤은 따 놓은 거나 마찬가지라는 얘기도 있을 정도예요. 그 말이 꼭 옳다고 할 수는 없고, 대학이나 전공, 교수에 따라 차이도 크죠. 그래도 역시 다른 나라에 비하면 핀란드에서의 학위 취득이 훨씬 어렵다고 해요. 특히 제가 일하는 공학 분야는 요구 수준이 정말 높죠.

유카는 핀란드가 수준 높은 혁신 기술로 전 세계에 알려진 이유를 이렇게 설명했다. 핀란드 대학 입학 제도에서는 오로지 학문적 자격

요건만 따지기 때문에 학생의 재정 상태는 전혀 문제가 되지 않는다. 실력만이 대학 신입생을 뽑는 유일한 기준이다.

- 학비는 내지 않아도 되지만 입학시험을 통과해야 하고 학교 시험 성적이 좋아야 하죠. 학생들의 수준이 높다는 뜻이에요. 미국에서는 돈을 내고 입학하는 경우도 있고, 실력이 별로 뛰어나지 않아도 들어갈 수 있는 대학도 있어요. 인구 구성이 아주 다양하기 때문에 여러 가지 사정을 고려하는 것인지도 모르죠. 미국 명문대는 등록금도 상당히 비쌉니다. 그런 대학에 입학하려면 공부도 잘해야 하지만 돈도 많아야 하잖아요. 그것이 핀란드와 크게 다른 점이에요. 핀란드에서는 물리학과에 들어가기가 정말 어려워요. 아주 뛰어난 학생들만 받아들이고 교육 과정도 정말 까다롭죠. 기업에서도 그 사실을 알고 있어요. 그래서 그 학생들은 졸업만 하면 일자리는 얼마든지 찾을 수 있어요.

이 대학에는 외국 학생의 비율이 높아서 유카는 어느 수업에서든 외국 학생을 만날 수 있다고 한다.

- 외국 유학생의 등록금도 아주 낮아요. 앞으로 바뀐다고는 하지만 지금으로선 외국 학생도 핀란드에서 거의 무료로 공부할 수 있어요.

하지만 핀란드 학교를 힘들어하는 유학생도 적지 않다.

- 수학 실력이나 문제해결능력 때문이에요. 핀란드 학생들에 비해 독립적인 사고능력이 다소 떨어지거든요. 특히 동유럽 출신과 서유럽 출신 사이에 눈에 띄는 차이가 있어요. 동유럽 학생들은 수학을 잘해요. 이란, 파키스탄, 인도 학생들도 예외는 있지만 수학과 물리 실력이 꽤 좋아요. 하지만 서유럽 학생들은 그렇지 못해요. 남부 유럽 출신은 더 하고요.

2009년부터 유카는 수업을 영어로만 진행하고 있다. 수강생이 대부분 핀란드 학생일 때도 마찬가지다. 이 대학에 외국인 학생 비율이 아주 높다는 뜻이다. 석사 과정도 대부분 영어로 진행하지만 학사 과정만은 예외적으로 핀란드어를 쓴다. 공학 석사 학위를 취득한 핀란드 학생들은 워낙 오라는 곳이 많아 일찌감치 학교를 떠나버리고, 박사 과정에는 거의 외국 유학생만 남기 때문이다. 외국 학생들에게는 낮은 등록금도 꽤 매력적이다. 비록 핀란드의 생활비는 꽤 비싸지만 말이다.

유카는 주로 기초 과정을 가르친다. 학생 수는 35~100명으로 다양하다. 그는 상급 과정 수업도 몇 가지 맡았는데 그 수업의 학생 수는 20명 내외다. 유카의 수업에는 조별 과제가 많다.

- 저는 조별로 진행하는 교육을 선호해요. 새롭고 창의적인 교육 방법을 적용할 여지가 많거든요. 우리 학교에는 '디자인 공장'

이라는 공간이 있어요. 오래된 공장 건물인데 리모델링 후 다양한 수업에 활용하고 있죠. 그곳에서는 자기만의 기계를 만드는 등 도제식 수업이 많이 진행되고 있어요. 설비가 고정되어 있지 않아 원하는 대로 공간 배치를 바꿀 수도 있어요. 집단 토론과 의견 교환을 위한 여러 개의 작은 공간이 마련되어 있고 넓은 공간도 많아요. 저는 상급 과정 수업의 일부를 그곳에서 진행합니다. 예전에는 이런 실험을 많이 하지 않았지만 교육학 실습을 마친 뒤에는 이런 식의 수업이 훨씬 즐겁고 흥미롭다는 사실을 알게 됐어요.

수업에 참여하는 학생들의 태도는 출신 국가에 따라 많이 다르다고 한다.

- 핀란드 학생들은 개인 차가 커요. 하지만 외국 학생은 대부분 적극적이고 개방적이죠. 저마다 실력 차이는 크지만 어떤 상황에서도 적응력이 빠른 편이에요. 아마 내향적인 사람들은 외국 유학을 잘 하지 않나 봐요. 그러고 보면 이곳에서 공부하는 유학생들이 자기 나라 학생을 대표한다고 볼 수는 없을 것 같아요.

- 또 외국 학생들은 교수와 가깝게 지내는 걸 좋아해서 핀란드 학생들보다 저를 훨씬 더 자주 찾아와요. 한 수업에 핀란드 학생이 50명, 외국 학생이 10명이라 해도 수업 시간 이후에 저를

찾는 학생은 외국 학생이 훨씬 많아요. 특히 아프리카 학생들이 자주 찾아오는 편이에요. 원래 사람들과 어울리기 좋아하는 문화권이라 그런가 봐요. 무슨 일이든 혼자서는 잘 하지 않는 것 같고요. 중국 학생들은 항상 수업이 끝나고 나서 질문을 하러 와요. 아무리 수업 시간에 질문 있는 사람 없냐고 물어도 학생 10명쯤은 수업이 끝나길 기다렸다가 질문을 해요. 일단 찾아와서는 저에게 온갖 고민을 다 털어놓죠. 물론 외국 학생 중에는 실력이 좀 부족한 사람들이 있어요. 일부 국가 출신들은 학사 학위가 있어도 필요한 수준에 미치지 못해서 힘들어하죠.

유카는 핀란드 학생들이 자주 찾아오지 않는 이유는 문제를 스스로 해결하는 방식에 익숙하기 때문이라고 한다.

- 예를 하나 들어볼까요. 실제 있었던 일인데요. 조별로 과제를 해야 하는 수업이라 제가 학생들을 몇 개 조로 나누어주면서 필요할 때는 저를 찾아와서 질문을 하라고 일러두었죠. 조별로 과제를 내줬으니 학생들끼리 의논해서 할 일을 분담했겠죠. 그런데 핀란드 학생들은 중간에 의논 한 번 하지 않은 채 각자 과제를 마쳤다는 거예요. 그러곤 마감일 하루 이틀 전에 만나 허둥지둥 짜 맞춰서 제출하더군요.

- 제가 알기로 조모임에 얼굴 한 번 내비치지 않는 학생도 있지

만 그래도 조에서 배제되지는 않더라고요. 어떤 조원이 과제에 거의 기여를 하지 않았어도 누가 저한테 와서 이르진 않아요. '뭐, 괜찮아. 원래 저런 사람이잖아. 어쨌든 우리 조의 일원이니까.' 이렇게 생각하고 말았겠죠. 핀란드 학생들은 이런 점에서 상당히 관대한 것 같아요. 이제는 조별 과제를 내줄 때 무임승차를 못하게 하는 방법을 찾아야겠다 싶어요. 조모임을 마치고 합의 사항을 제게 알리도록 하는 식으로요. 제 눈에는 자기 몫을 하지 않는 사람을 다른 조원이 덮어주려 애쓰는 게 보여요. 핀란드 학생 중에 그룹활동을 불편해하는 학생이 많아서 일부러 조별 모임 기회를 만들어주는 건데 말이죠.

조 활동에 소극적인 조원들에게 관대한 이유는 핀란드 학생들이 원래 다양한 수준의 또래들과 함께 공부하는 데 익숙하기 때문인지도 모른다. 우수한 학생들은 당연히 부족한 학생들의 공백을 메워야 한다고 생각한다. 하지만 핀란드 학생은 외국 학생만큼 수업에 적극적으로 참여하지 않는다는 점이 문제다.

- 핀란드 학생들은 외국 출신 학생들에 비하면 눈에 잘 띄지 않아요. 수업에 출석은 해도 질문은 하지 않죠. 서로 토론도 하지 않고요. 이해가 안 되는 부분이 있으면 나중에 친구들에게 물어보죠. 핀란드 사람들은 웃음거리가 되고 싶지 않다면 어리석은 질문은 안 하는 게 낫다고 생각해요. 직장에서도 마찬가지예요. 잘 모르는 게 있으면 혼자서 조용히 필요한 정보를 찾

아본다고 해요. 이곳 사람들은 공개적으로 망신당하는 걸 못 견디는 것 같아요.

겸손과 평등의 문화 때문에 핀란드인은 사람들 사이에서 두드러지는 것도, 남들의 비웃음을 당하는 것도 힘들어한다. 타인의 이목을 의식하는 한국 문화와도 유사하다. 적어도 이런 면에서는 과묵한 핀란드인과 함부로 나서지 않는 한국인 사이에 유사점이 있는 것 같다. 두 민족 모두 사람들 사이에서 너무 튀거나 눈에 띄는 것을 꺼린다. 하지만 유카 역시 핀란드 학생들이 그렇게 행동하는 이유는 정확히 모르겠다고 한다.

- 제가 보기엔 정말 이상해요. 대학 측은 언제나 학생들이 쉽게 다가올 수 있게 문을 열어놓고 있으니 제도 탓은 아닌 것 같아요. 대학 입장에서는 원활한 의사소통을 위해 노력하고 있지만 별로 효과는 없어요. 저도 신입생을 맡았을 때는 대학생활에서 흔히 마주칠 법한 기본적인 어려움을 해결해주려고 애쓰거든요. 하지만 의무적으로 참석해야 하는 모임에나 마지못해 나타날 뿐 개인적으로 도움을 청하러 오는 학생은 아무도 없어요. 궁금한 점은 친구에게 물어보고 해결하나봐요.

질문을 두려워하는 학생들의 심정을 웬만큼은 이해할 수 있다. 레네가 자유분방한 네덜란드 대학에 다닐 때도 교수님들은 늘 세상에 멍청한 질문이란 없다고 강조하시며 학생들이 마음껏 질문을 하도록 유도하셨다. 물론 누군가 정말로 쓸데없는 질문을 하면 다른 학생들은 눈을 내리깔고 짜증이나 웃음을 감추려 애쓰곤 했다. 레네도 질문 안 하는 한국 스타일에 길들여진 사람이라 강의 시간에 공개적으로 질문을 하는 분위기에 익숙해지기까지 최소 1년은 걸렸다. 유카는 이 문제의 해결 방법을 찾은 것 같았다.

- 강의실에서 토론을 유도할 때 가능하면 저는 옆으로 물러서 있으려고 노력해요. 학생들에게 질문을 한 가지 던지고 옆의 학생과 둘씩 짝을 지어 이야기를 나누도록 해요. 서로 토론이 끝나면 그 결론을 발표하게 하죠. 무작정 답을 물어보면 아무도 나서서 대답하지 않지만 일대일 대화에서는 마음을 쉽게 열더군요. 그런 점에서 핀란드 학생들은 독특하죠. 외국인 강사에게는 사전에 귀띔해주지 않으면 수업 시간에 왜 아무도 말을 안 하냐며 무척 당황하곤 해요.

핀란드에서는 교육에 대한 연구가 꾸준히 진행되고 있지만, 제도 변화는 주로 초중등학교에서 시작되어 대학으로 확산된다고 한다.

- 교육학 수업을 받은 이후로 저는 핀란드 교육계가 교수법과 교육학 발전에 매우 적극적이라는 사실을 알게 됐어요. 우리에게는 교사 양성만을 전문으로 하는 학교가 있어요. 외국에는 드문 사례가 아닐까 생각해요. 핀란드 교육자들은 교수 및 학습법에 특히 많은 관심을 갖고 있어요. 이렇게 작은 나라에서 교

육학 분야의 책이 얼마나 많이 쏟아져 나오는지 몰라요. 10년 전과 비교하면 수업 방법도 훨씬 다양해졌죠. 핀란드의 초등학교는 지난 10~20년간 많이 발전했어요. 교사들은 과거에 비해 학생들과 어떻게 상호작용하고, 적절한 학습 환경을 조성하고, 어떻게 하면 다양한 학생들에게 도움을 줄 수 있는지 훨씬 잘 이해하고 있어요. 지금 대학생들이 쓰는 교재를 10년 전과 비교해봐도 눈에 띄는 차이를 느낄 수 있어요. 제가 실제로 수업에 새로운 교수법을 적용했더니 학생들은 고등학교에서 이미 여러 차례 경험해본 방식이라고 하더군요. 초등학교와 중고등학교에서 주도한 변화를 대학은 뒤늦게 좇아가고 있는 형편이죠.

- 교육 발전에 힘을 쏟는 나라가 비단 핀란드만은 아니겠지만 우리가 이 분야에서 앞서가고 있는 건 사실이에요. 스칸디나비아 국가들은 새로운 교육 방법을 개발하고, 포괄적인 교육 과정을 설계하고, 학생의 능력 발전을 고민하는 등 대체로 교육 발전에 적극적입니다.

유카는 핀란드에서 대학의 목표가 무엇인지, 교수의 역할은 어떻게 변화하고 있는지 설명했다.

- 물론 대학의 주된 목표 중 하나는 산업발전에 기여할 숙련된 인재양성이죠. 하지만 연구를 통해 새로운 아이디어와 혁신 기

술을 탄생시키는 것 역시 중요한 임무입니다. 이 두 가지 목표는 때때로 이해 관계가 상충하기 때문에 핀란드의 대학은 교육과 연구 사이에서 태생적인 딜레마에 빠질 수밖에 없죠. 물론 둘을 통합하는 것이 이상적이지만 이 두 가지 목표에 시간과 열정을 적절히 안배하기가 쉽지 않습니다. 한때 교수의 업적은 모두 학술연구와 논문 발표로 평가받았죠. 하지만 지금은 교육학 지식과 수업능력 역시 경력 발전에 도움이 되고 있어요. 과거에 대학 교원들은 연구를 위해 학교에 나오는 것이고 수업은 부담스런 의무일 뿐이라고 생각했었죠. 원하지 않는 일을 했던 겁니다. 하지만 지금은 인식이 많이 바뀌었어요. 오히려 가르치는 일이 위주가 되었죠. 저는 연구도 좋아합니다만 가르치는 게 저의 본업이죠.

• 대학 교직원에게는 연구와 수업의 의무는 물론, 필요한 경우 전문가로서 사회에 봉사해야 할 의무가 있어요. 그것이 바로 사회적 책임이죠. 산업계와 공동 프로젝트를 수행하는 것은 그 일부일 뿐이에요. 때때로 인터뷰에 응하거나 요청에 따라 전문가 의견을 제시하기도 합니다. 당신과 이렇게 만난 것도 저의 업무에 속해요. 언론대응이 제 전체 업무의 10퍼센트를 차지하고 있으니 꽤 많은 셈이죠. 그것이 이 대학 전체의 입장이자 교육부의 방침이에요. 예를 들어 외부 기관에서 기후변화 패널이나 강연자로 활동하는 것도 개인 시간을 쪼개서 하는 일이 아니라 공식 업무의 일부예요. 이 대학의 몇몇 연구팀은 TV에

자주 등장하죠.

핀란드에서는 산업계와 교육계, 언론 미디어 부문 간의 협조가 원활하다. 핀란드 언론은 교육과 기술 혁신과 관련된 뉴스를 자주 다룬다. 신문에서 최신 교육 소식을 빠짐없이 챙겨본다는 사람도 많다. 그만큼 교육에 대한 지원도 큰 힘을 얻을 것이다.

PART 2

핀란드의 기적, 교사와 교실의 변화

Education in Finland

1

기적을 낳는 사람들
– 교사의 힘

"교육은 양동이를 채우는 일이 아니라 불을 지피는 일이다."
–윌리엄 버틀러 예이츠William Butler Yeats

핀란드 교육에 기적을 불러온 원인에 대해서는 의견이 분분하지만 훌륭한 교사의 힘이라는 설명이 가장 그럴듯하다.

핀란드의 교사는 전문가 대우를 받는다. 핀란드 언론은 고등학생이 선호하는 직업을 정기적으로 조사해 그 결과를 보도하는데, 교사는 언제나 의사, 건축가, 변호사를 제치고 가장 선망하는 직업 중 하나로 손꼽힌다. 핀란드인이 중요하게 여기는 사회적 정의, 평등, 삶의 질 등의 가치와 관련된 직업이기 때문일 것이다. 실제로 핀란드에서 교사의 인기는 대단하다. 조사에 따르면 핀란드 남성들은 간호사, 의사, 건축가보다 교사를 최고의 신붓감으로 생각한다. 반면 여성들은 교사보다는 의사나 수의사를 남편감으로 원한다고 한다. 어쨌든 핀란드인의 35퍼센트는 교사를 배우자의 이상적인 직업 5가지 중 하나로 여긴다. 핀란드에서 교사자격증 취득은 대단한 영예다. 마르티 아티사리Martti Ahtisaari처럼 초등학교 교사 출신으로 외교관을 지냈다가 핀란드의 대통령(1994~2000) 자리에 오르고, 국제적인 중재 노력에 헌신한 공로로 노벨평화상까지 수상한 인물도 있다.

핀란드의 교사는 엄청난 존경과 신뢰를 받는다. 지난 10여 년간 핀란드인의 읽기, 수학, 과학 실력이 크게 향상된 데는 학생들의 삶을 바꾸기 위해 노력을 아끼지 않은 교사들의 공이 크다. 1990년대 초에는 국가의 학사시찰이 폐지되고 책임과 감찰권이 교사와 교장에게 넘어갔다. 결국 핀란드 교육계는 엄격한 학교 감찰이나 표준화된 학생 평가로 학교의 성과와 교사의 능력을 판단하지 않겠다는 입장을 택한 것이다. 그리하여 교사는 자신만의 직무 계획이나 커리큘럼을 만들 전문적 자율성을 갖게 되었다.

핀란드에서 교사의 인기는 급여 수준 때문이 아니다. 2010년에 경력 15년의 페루스코울루peruskoulu(1학년부터 9학년을 포괄하는 종합 학교) 상급 학년 교사의 연봉은 약 2만7천 유로로 조사되었다. 이는 OECD 국가의 평균에 가깝다. 교사를 선망하는 이유는 보수가 높아서가 아니라 교사에게 부여되는 자율성, 직업만족도, 사회적 인식 등이 매력적이기 때문이다. 한 선생님은 이렇게 말했다.

- 우리는 일을 사랑하기 때문에 더 잘하려고 노력합니다. 스스로 동기부여를 하는 셈이죠.

과거와 현재의 교사생활

은퇴한 교사 힐카 알라Hilkka Ala를 헬싱키의 한 레스토랑에서 만나기로 했다. 그녀의 영어가 서툴다는 말은 들었지만 통역자 없이 부딪쳐보기로 했다. 그녀가 약속보다 늦어서 조금 기다려야 했다. 마침내 그곳에 나타난 그녀는 내게 사과하며 이렇게 말했다. "도서관에서 읽던 책에 푹 빠져서 시간가는 줄 몰랐지 뭐예요." 체구가 매우 작고 얼굴에 주름이 가득한 이 노부인은 아름다운 잿빛 단발머리에 반짝이는 선량한 눈을 갖고 있었다.

39년간 초등학교 교사로 일한 힐카는 12년 전에 은퇴했다. 그 이후로 7년간 이따금씩 기간제 교사로 활동하면서 학교에 가서 친구와 동료 교사를 만났다. 칠순이 훌쩍 넘은 지금도 한 주에 한 번, 1시간 30분씩 방과 후 교실에서 아이들의 숙제를 도와주고 있다. "저는 항상 교사가 되고 싶었어요. 아이들을 무척 좋아했거든요." 그녀는 21세부터 교사생활을 시작했다. 그후 7년간 시골에서 학생들을 가르치다가 헬싱키로 옮겨 왔다. 당시에는 교사를 선발할 때 현재와 달리 시험 결과보다 실무 경험과 업무수행능력을 중시했다고 한다. "학생들은 그때나 지금이나 다름이 없어요. 아이들은 아이들일 뿐이죠." 잠시 뜸을 들이더니 그녀는 이렇게 덧붙였다. "하지만 옛날 아이들이 좀 더 순수했어요. 지금은 환경이 달라졌기 때문이겠죠."

그녀에 따르면 과거에는 수업이 훨씬 단순했다고 한다.

"과제와 의무 중심 교육이었어요. 지금은 학생 스스로 생각하는 능력을 강조하지만요. 아이들이 교실에서 의견을 자유롭게 발표하는 건 잘된 일이라 생각해요."

그녀가 교사 수업을 받던 시절의 선배 교사들은 매우 권위적이어서 아이들의 말에 좀처럼 귀를 기울이지 않았다. "하지만 당시에도 우리처럼 젊은 교사들은 생각이 달랐어요." 세월이 흐르면서 새로운 교수법이 도입되자 나이든 교사들은 학생을 관리하는 방식을 바꿔야 했다. 그녀도 교사가 되고 나니 때로는 엄격하고 단호한 태도를 취할 필요가 있었다. "수업을 제 의지대로 이끌려면 강하게 나가야 할 때가 있어요. 하지만 그 전에 아이들과 먼저 친해져야 하죠. 성격도 다르고 출신 배경도 다른 아이들이라 쉽지 않지만요." 힐카도 초등학교에서 같은 아이들을 1학년 때부터 6학년이 될 때까지 가르쳤다. "6학년쯤 되면 아이들과 정말 애틋해지죠. 제가 가르친 아이들은 모두 착한 아이들이었어요." 나는 그녀가 훌륭한 선생님이라서 그런 게 아니겠냐고 물었지만 그녀는 정색하며 아니라고 했다. 그녀가 너무 겸손하다고 생각했지만 그렇게 진지한 반응을 보니 더 이상 그 말을 하지 않는 게 좋을 것 같았다.

힐카가 어렸을 때는 교사와 학생 사이가 지금과 크게 달랐다고 한다. 교사는 높은 강단에 앉아 거의 일어서지 않았다. 학생들은 별로 말이 없었고 선생님을 오베obe라는 직함으로 불렀다. 힐카가 선생님이 될 무렵부터 학생들은 처음 만나는 선생님에게도 이름을 부르기 시작했다.

그녀는 많은 점에서 옛날보다 지금이 낫지만, 요즘 학생들이 교사의 권위를 존중하지 않는 경향은 걱정스럽다고 했다. 동료 교사들도 아이들이 말을 잘 듣지 않아서 힘들다고 하소연한다고 했다. 가정에서도 아이들을 통제하기 어려운 건 마찬가지다. “자기 아이는 부모가 가장 잘 알겠죠. 하지만 요즘 부모들은 아이의 투정을 다 받아줍니다. 아이가 음악에 재능이 있어도 연습을 하기 싫어하면 부모도 억지로 시키지 않아요. 가정마다 교육 방식도 천차만별입니다. 균형 잡힌 양육 태도를 유지하는 가정이 있는 반면, 아이들이 원하는 대로 다 들어주는 가정도 있습니다. 물론 집집마다 형편이 어떻게 다른지 잘 알지도 못하면서 섣불리 판단할 수 없겠죠. 역시 아이는 아이답게 키워야 하는지도 모릅니다.”

그녀는 여전히 옛날 제자들과 연락하며 지낸다. 나는 학교를 졸업하고 성인이 된 후에도 여전히 ‘선생님’이라 부르며 은사를 찾아가는 한국 사람들이 떠올랐다. 한 번 선생님은 영원한 선생님인 것이다. 힐카의 학생 중에 부모와 사이가 나빠 집을 나간 아이가 있었다. 힐카는 그 학생에게 종종 전화를 걸어 안부를 물었다고 한다. 지금 그 학생은 대학에서 열심히 공부하고 있다. “한 번 가르친 제자는 절대 잊지 못해요. 우리에겐 모두 사랑스런 아이들이죠.” 그녀가 말했다. 나는 결국 그녀가 정말 좋은 선생님이었을 것 같다는 말을 다시 꺼내고 말았다. 그녀는 “맞아요, 그랬죠.” 그녀가 그 사실을 인정해서 기쁜 마음으로 돌아올 수 있었다.

– 레네의 교육 탐방 일지

핀란드 교육 시스템

1978~1979년에 제정된 교사 교육법에서는 핀란드의 모든 교사가 8개 국립대학 중 한 곳에서 석사 학위를 취득해야 한다고 규정한다. 교사는 영향력이 큰 직업이므로 자기 분야의 전문가가 되어야 한다는 것이 그 취지다. 연구 중심의 교사 교육에는 과학 교육 지식을 습득하고, 교수법을 익히고, 실무 경험을 쌓고, 교육자 모임에서 경험과 정보를 공유하는 활동 등이 포함된다. 학사 과정부터 시작해 교육 석사 학위까지 성공적으로 마치려면 5~7년이 걸린다.

교사 지망생은 교육심리학, 사회학, 교육 과정 이론, 학생 평가, 특수 교육, 교수법 등 여러 분야에서 깊은 전문 지식을 쌓는다. 무엇보다 학생의 어떤 요구에도 적절히 대응할 수 있는 교육적 사고 기법을 기르는 데 주력한다. 핀란드 대학에서 가르치는 과목 중심 교육학과 과학 교육 연구는 국제적인 수준에 이르렀다. 모든 핀란드 대학에서는 협동학습, 문제기반 학습, 반성적 실천(학생은 자신의 수업 시연에 대해 피드백을 받는다), 컴퓨터지원 학습 등을 가르친다. 핀란드 대학의 교수들은 사범 교육을 대학에서 가장 중요한 교육 과정으로 생각하며, 과목별 교사 교육에서는 교사 지망생의 전공과목과 교육학 지식을 통합적으로 교육한다. 이를 위해 과목별 교수진과 교육학과가 서로 긴밀히 협력하고 있다.

예를 들어 헬싱키대학에서는 여섯 개 학부와 교육학과가 과목 교육을 공동으로 실시한다. 과목 교사 교육을 받는 학생들은 학교에서 가르치고 싶은 과목 중에서 전공과 부전공을 선택한다. 과목은 물리학과나 수학과 같은 일반학과에서 공부하고, 교육학은 교육학과와 두 곳의 교생 실습 학교에서 공부한다. 이러한 교육학 수업을 통해 교사지망생들은 어떤 학교에서도 자신의 전공과 부전공을 가르칠 수 있는 능력을 기를 수 있다. 수학 관련 과목 전공자들은 대체로 수학-물리학, 수학-화학, 수학-컴퓨터 과학, 물리-화학, 물리-생물 등의 전공과 부전공 조합을 선택한다. 하지만 수학-가정경제학 같은 조합도 얼마든지 가능하다. 초등, 중등, 직업학교, 성인 교육 등 모든 수준의 교사 자격 취득에는 교육학이 필수다. 교육학은 바람직한 교사-학생 간의 관계를 배우는 실용적인 학문이다. 장래의 교사라면 학생의 연령과 학습능력에 따라 융통성 있게 대처하는 법을 배워야 한다. 동시에 학교 공동체의 교육 방향에 맞게 교육 과정을 설계하는 법도 알아야 한다. 그러면서 다른 교사, 학부모와 협력하는 방법도 배우게 된다.

교육학에는 교생 실습이 포함된다. 초등교사 양성 과정은 전체 교육 시간의 15퍼센트를 학교에서 수업하는 법을 연습하는 데 할애한다. 상급학년 교과목 교육에서는 실습이 커리큘럼의 약 3분의 1을 차지한다. 석사 과정 중 1년은 전국의 우수한 학교에서 실제로 수업 훈련을 받는다. 이때 일인당 세 명의 교사 멘토가 배정된다. 실습생은 멘토가 진행하는 수업을 가까이서 지켜볼 수 있다. 실습생이 직접 수업할 때는 멘토와 동료 학생들이 수업에 참관하여 신랄한 피드백을 해 준다. 의대 인턴들이 대학 병원에서 훈련받을 때와 다르지 않다. 수업을 진행하거나 다른 교사의 수업을 참관하지 않을 때는 동료 학생들과 함께 여러 과목의 내용을 통합하여 수업을 설계한다. 그리고 한 사람은 교사 역할을, 나머지는 학생 역할을 하며 수업 연습을 한다.

교육 실습의 목표는 교사지망생들이 가르치는 방법을 익히고 자신의 수업과 학생의 학습을 평가할 능력을 기르게 하는 것이다. 그들은 자신의 교수법과 사회적 기술을 비판적으로 반성하는 법을 배운다. 교육 실습 때 학교에서 실제로 아이들을 만나고 다양한 사회적 배경과 심리적 기질을 지닌 학생들을 가르친다. 또한 경험 많은 교사의 수업을 참관하고, 다양한 학생 집단을 대상으로 수업을 진행하면서 감독 교사와 사범대학 교수의 평가를 받는다. 자유롭게 실험할 수 있는 기회를 적극적으로 활용해 자신에게 가장 적합한 교수법을 개발할 수도 있다.

사범대학은 우수한 학생만을 유치하고 있다. 라플란드부터 헬싱키까지 3,500개 학교의 교사 62,000명은 전체 고등학교 졸업생 중 상위 10퍼센트에 속하는 우수한 인재들이다. 특히 초등 교육이 가장 인기가 높다. 핀란드에서 초등학교 교사가 되려면 치열한 경쟁을 거쳐야 한다. 2010년에는 6,600명이 초등 교육 과정에 지원했다. 매년 지원자 10명 중 1명만이 핀란드의 초등교사 준비 과정에 들어갈 수 있다. 핀란드의 모든 교육 대학은 미국의 조지타운대학이나 UC버클리만큼이나 높은 수준을 요구한다. 2011~2012학년도에는 정원 120명인 헬싱키대학 초등 교육과에 무려 2,400명이 지원했다. 교사 교육 과정에서는 좀처럼 낙오자가 생기지 않는다. 교사는 가르치는 일을 하다가 다른 직업으로 바꾸는 일이 드물며 오랫동안 교직에 헌신한다. 반면 미국 교사들은 5년차가 되기 전에 약 50퍼센트가 교직을 떠난다고 한다. 젊은 핀란드 교사들은 교직을 인생의 소중한 기회로 여겨 업무능력 개발에도 매우 적극적이다.

수업전문성은 교사가 전문분야의 최신 학문성과를 이해해 수업에 새로운 지식을 반영하는 것을 뜻한다. 핀란드에는 성인 교육이 활성화되어 있고 지속적으로 직무능력을 개발하는 문화가 널리 퍼져 있다. 그중에서도 공동 과제 수행과 연구 문화가 특히 발달했다. 핀란드 정부는 다양한 대학 강의와 현장 교육 등 교사와 교장의 직무능력 개발에 매년 2천만 유로의 예산을 쏟아붓는다. 이 예산은 주로 근무 여건이 불리한 학교에서 일하는 교사들에게 심도 있는 교육 훈련을 제공하는 데 사용된다. 석사 학위를 취득한 졸업생은 곧바로 박사 과정에 지원할 수 있다. 초등학교 교사들도 교육 학부에서 박사 과정을 쉽게 시작할 수 있어 교사생활을 하면서 이 기회를 적극 활용하는 사람들이 많다.

국가 차원의 교육 개혁에는 일선 교사들의 협조가 필요하다. 핀란드의 교육 품질 보증 정책 덕분에 교육은 지속적으로 발전하고 있다. 모든 평가의 목표는 고등 교육에서 교수, 학습, 연구의 품질을 높이는 것이다. 교사 교육의 목표는 매우 원대하다. 수십 년간 핀란드의 교사 교육은 연구 중심의 직업 문화를 형성하는 데 중점을 두었다. 그 궁극적인 목표는 학교에서 교사들이 독립적인 전문 직업인으로 일하는 동시에, 학교 교과 과정 개발과 학생의 학습 평가 등 교육 관리 분야에 적극 참여하게 하는 것이다.

핀란드에서 교사가 되기까지

핀란드는 다른 나라들과 달리 국가에서 시행하는 평가를 통해 교사 교육의 성과를 판단하지 않는다. 교육 품질 보증에서도 자율성을 강조한다. 핀란드의 모델은 교사 교육의 모든 관계자가 자신이 맡은 부분을 최고의 수준으로 유지하고 있다는 신뢰에 바탕을 둔다. 품질 보증 과정에 속한 모든 사람이 진지하게 책임을 다하기 때문에 이 시스템이 제대로 돌아가는 것이다. 또한 이 과정에서 여러 관계자는 꾸준히 상호작용을 해야 한다. 이런 시스템을 유지하려면 신뢰가 반드시 필요한데, 이러한 신뢰는 저절로 얻어지는 것이 아니다. 모든 관계자가 지속적으로 노력을 기울인 결과로 보아야 한다.

한국의 교사 교육은 핀란드와 비슷한 면도 있지만 다른 점도 많다. 교사는 한국에서 많은 존경을 받으며, 젊은이들 사이에서도 가장 인기 있는 직업에 속한다. 주로 장기적으로 경쟁력 있는 급여 수준과 직업 안정성 등 훌륭한 근무 여건 때문이다. 하지만 기간제 교사도 교사자격증을 소지해야 하는 등 자격 조건이 까다롭기 때문에 일반인에게는 진입 장벽이 높다. 교사가 되는 길이 다양화되어 지금은 사범대학은 물론 일반 학과 출신에게도 문이 열려 있지만, 초등학교 교사는 대부분 11개 교육대학이나 한국교원대, 이화여대 등의 초등 교육과에서 배출된다. 이들 교육기관의 커리큘럼은 교과 영역과 교육학 이론으로 구성되어 있다. 그러나 입학 자격 요건은 핀란드만큼 까다롭지 않다. 4년간 학사 과정을 이수하고 나면 교사임용 시험에 도전할 자격을 얻게 된다.

중등교사가 되려면 반드시 학사 학위가 필요하지만 교사자격증을 취득하는 경로는 다양하다. 대학교 내의 교육대학, 일반대학의 교육학과, 일반대학의 교직 이수 과정, 교육대학원 등에서 모두 교사 교육을 받을 수 있다. 하지만 각 과정마다 교육의 품질은 차이가 크다. 특히 교과목 관련 전공자가 기본적인 단기 훈련 과정을 거치면 교사자격증을 취득할 수 있게 하는 교직 이수 제도가 문제다. 최근 한국 정부는 교사 준비 과정에 대한 평가인정제를 마련하고, 교육 과정을 개선하고, 사범대학과 일반대학을 통합하여 이 문제를 해결하려 노력중이다.

핀란드와 달리 교생 실습은 단 9주 만에 끝나고 교육 과정은 주로 참관 실습, 수련 참여, 수업 연습, 행정 실무 연습 등 네 과정으로 구성되어 있다. 신임 교사는 견습 기간이 없지만 사례 연구, 실천과제, 이론 연구, 학생 지도, 교실 관리 등을 내용으로 하는 2주간의 채용 전 직무연수를 받는다. 또한 교수 지도와 평가, 학급 관리 및 지도, 서무, 학생 지도 등을 포함하는 6개월간의 채용 후 훈련이 있다.

한국의 중학교 교사 교육은 충실한 편이다. 중학교 수습교사는 6개국 교사를 대상으로 실시한 수학 시험에서 미국의 예비 교사들을 큰 폭으로 앞지르며 1위를 차지했다. 하지만 한국의 고등학교 교사들은 그만큼 우수하지 못하다. 교사가 크게 부족하던 수십 년 전, 정부는 각 대학에 다수의 고등학교 예비 교사를 배출하도록 허가하는 치명적인 실수를 저질렀다. 그래서 약 350개 대학의 고등교사 교육 과정 입학요건이 초등학교나 중학교 교사보다 낮다. 미국에 1천 개가 넘는 사범대학이 있듯이, 한국 대학도 필요한 수보다 훨씬 많은 예비 교사를 양산했다. 교원양성 과정은 대학에 많은 수익을 안겨주는 산업이지만 자격 요건을 크게 낮추는 바람에 교사의 권위와 역량도 떨어졌다. 한국의 한 정책 입안자도 이렇게 지적했다.

"교육의 질은 교사의 질을 넘어서지 못한다."

고등학교 교사의 역량을 높이기 위해 한국은 새로운 교사 평가 제도를 도입했다. 교사에게 구체적인 피드백을 주고 그 결과에 책임을 지우려는 목적이다. 기업체의 '다면평가'와 유사하게, 온라인 설문을 통해 교사에 대한 학생, 학부모, 동료 교사들의 의견을 수집하는 방식으로 실시된다. 평가 점수가 낮은 교사는 재교육을 받아야 한다. 미국의 일부 지역에서도 이와 비슷한 정책을 도입하려 한 적이 있지만, 교사와 교원 노조가 교사에게 굴욕감을 주며 공정하지도 못한 평가라며 반발하는 바람에 무산되었다. 이론상으로는 훌륭한 정책도 막상 운영해보면 실효성이 떨어질 때가 있다. 이 제도에 대한 항의의 표시로 한국 교사들은 동료 모두에게 최고 점수를 주기도 한다. 2011년에 실제로 재교육에 투입된 교사는 1퍼센트에도 미치지 못했고 일부는 막무가내로 재교육 참가를 거절하여, 교사의 자격 요건을 강화하려는 시도는 결국 수포로 돌아가고 말았다.

교육 연구 개발에 힘쓰는 나라

핀란드와 한국은 연구 개발에 가장 많은 투자를 하는 나라로 손꼽힌다. 연간 평가에서 양국을 앞서는 나라는 이스라엘뿐이다. 핀란드는 GDP의 무려 3.9퍼센트를 연구 개발에 쏟아붓는다. 특히 연구 개발과 교육이 밀접하게 연관돼 있다는 점에 주목할 만하다. 이 공생 관계는 핀란드의 과학·기술·혁신 전략센터SHOK에서 주도한다. 최근 핀란드는 산학합작 사업을 관장하는 대규모 전략센터 6개를 설립했다. 핀란드 고용경제부 산하 기관인 기술혁신금융지원청TEKES, 핀란드 학술원, 그리고 민간 부문에서 공동으로 지원을 받는다. 전략센터는 정보통신기술, 청정에너지, 삼림 관리, 보건복지, 기계공학, 부동산과 토목건축 등 다양한 분야의 핵심 연구와 혁신 문제를 취급한다.

핀란드의 연구 중심 교사 교육

오랜 세월 교사 교육자로 일하면서 경험한 가장 혁신적인 정책 변화는 이제 모든 교사에게 교육학이나 전공과목의 석사 학위를 요구한다는 점이다. 이 정책의 시행 후 교사들은 교육을 폭넓게 이해하고 각자의 역량을 꾸준히 향상하여 진정한 전문가로 인정받게 되었다. 핀란드에서는 교사, 대학 교수, 교육 전문가 사이에 교사 교육의 방향에 대한 공감대를 형성하는 데 20년 이상이 걸렸다. 연구 중심 교사 교육의 핵심 원칙은 다음과 같다. 우선 교사는 담당 과목과 관련한 학문의 최근 성과에 대해 깊이 알아야 한다. 또 지식을 가르치고 배우는 방법에 대한 연구 결과를 숙지해야 한다. 그리고 자신의 일에 대해 연구중심적인 태도를 가져야 한다. 다시 말해 자신의 업무에 분석적이면서도 열린 사고로 접근하고, 최근 연구 결과와 본인의 비판적, 전문적인 관찰과 경험을 근거로 교육의 발전 방향을 제시하는 법을 알아야 한다. 또한 교사 교육 그 자체를 연구의 목적으로 삼아야 한다.

핀란드 학생의 학력이 우수하고 젊은 핀란드인들이 교사라는 직업을 선망하는 이유를 궁금해하는 사람들이 많다. 핀란드에는 표준화된 시험, 학사시찰, 교사 평가, 학교의 서열이 없다. 공교육은 핀란드 사회에서 평등을 실현하고 삶의 질을 높이는 데 핵심적인 역할을 한다. 교사 교육 수준이 높아지자 결과적으로 다른 분야의 노동 인력의 역량까지 향상되었다. 무엇보다 핀란드의 교사와 학교는 국민의 깊은 신뢰를 얻고 있다. 학부모는 교사를 무한 신뢰한다. 자녀를 좋은 학교에 보내지 못할까봐 걱정하지 않는다. 집에서 가장 가까운 학교도 얼마든지 좋다고 생각하기 때문이다. 나는 우수한 교사 교육의 결과로 교사들이 명확한 도덕적 목표와 자율적인 직업 정신을 갖추었기 때문에 그만큼 신뢰를 받는다고 믿는다. 연구 중심의 교사 교육이 분명 거기에 크게 기여했다.

한넬레 니에미Hannele Niemi, 헬싱키대학 교육학 교수
(파시 사르베르크의 『핀란드 수업Finnish Lessons』에서 인용)

예전에는 핀란드에서도 교사가 지금처럼 선망의 대상은 아니었다. 핀란드에도 수준 미달의 소규모 사범대학이 난립하던 시절이 있었다. 교육 개혁의 첫 단계에서 책무성을 강조하는 뼈를 깎는 하향식 개혁을 감행해야 했던 이유도 그 때문이다. 1970년대 교사들은 수업 시간마다 학생들에게 무엇을 가르쳤는지 일지에 기록해야 했다. 교사들이 700페이지 분량의 중앙집권적 교육 과정을 성실히 이행하는지 점검하기 위해 장학관이 정기적으로 학교에 시찰을 나왔다. 교과서도 중앙정부의 검정을 받아야 했다. 교사들에게는 스스로 결정을 내릴 자유가 없었다.

이후 핀란드 정부는 선진국에서도 유례를 찾아보기 어려운 전면적인 개혁에 착수했다. 우선 사범대학을 개편하여 입학 요건을 엄격하게 강화했다. 그다음으로, 소규모 학교를 폐지하고 교사양성 과정을 수준 높은 대학으로 옮기는 강도 높은 개혁을 단행했다. 과도한 개혁이라는 논란도 적지 않았다. 반대자들은 새로운 제도가 엘리트주의를 조장한다고 비판했다. 한 평론가는 '농촌의 젊은이들은 교사라는

직업에 아무리 매력을 느껴도 처음부터 장벽에 부딪힌다'고 경고했다. 대학의 관리자들도 전문적이고 실용적인 교사 양성 과정이 나머지 학과의 학문 수준을 떨어뜨리고 학교의 명성을 실추시키지나 않을지 우려하며 개혁에 반대했다. 하지만 이런 우려는 결국 근거가 없는 것으로 드러났다.

1980년대와 1990년대에는 매우 긍정적인 변화가 일어났다. 수준 높고 엄격한 교사 교육 과정이 확고히 자리매김하면서 하향식 관리가 불필요해졌다. 오히려 그런 관리 방식은 교사와 학교가 높은 수준으로 발전하는 데 장애가 되었다. 그래서 핀란드는 새로 지은 건물에서 비계를 제거하듯 강압적인 규제를 하나씩 없애기 시작했다. 교육 정책에 대한 통제권은 교육부에서 지방 의회로 넘어갔다. 정부는 학사시찰을 폐지했다. 교사를 까다롭게 선발하여 양성하게 된 지금은 국민의 신뢰를 바탕으로 교사들 스스로 핵심 커리큘럼을 마련하고, 자율적으로 학급을 운영하고, 교과서를 선택할 수 있다. 교사, 교장, 국가공무원, 정치인 모두 교육 제도의 발전을 위해 계속 협력하고 있다. 물론 의견이 엇갈릴 때도 있지만 기본적으로 서로 긴밀한 협조와 신뢰를 유지하는 편이다. 정부는 학교의 기능을 확인하는 차원에서 대상 학생집단에서 표본을 추출하여 평가했다. 해가 갈수록 모든 학생을 대상으로 표준화된 시험을 실시할 필요는 점점 사라졌기 때문이다.

국가 교육 과정 지침에는 최소한의 내용만 담았다. 예를 들어 1~9학년 수학 과목의 교육 목표를 담은 매뉴얼은 10페이지로 간단히 줄였다. 비록 핵심 커리큘럼은 핀란드 정부가 정하지만, 일선 학교에도 많은 자율권이 부여된다. 교과서는 두께가 얇고 여백이 많아 지역 차원에서 내용을 확장하고 새로운 실험을 할 여지를 남기고 있다. 무엇보다 교육 과정 계획은 국가가 아닌 교사와 학교, 지방자치단체의 의무다. 오늘날 핀란드 학교는 저마다 지방 교육 당국의 조율과 승인을 거친 맞춤형 커리큘럼을 갖고 있다. 이는 교사와 교장이 교육 과정 개발과 학교 운영 계획에 중추적인 역할을 한다는 사실을 분명히 보여준다. 모든 학교의 교사는 자신이 교육받은 대로 계획, 교수, 진단, 실행, 평가 과정에서 전문적 자율성을 발휘하고, 이 모두를 교실 안팎에서 실현할 기회를 누리기를 바란다. 핀란드에서 학교는 교사의 수업 시간과 다른 교육 관련 의무가 적절히 균형을 이루는 전문적인 학습 공동체로 인식된다.

핀란드의 교사들은 외부 감독관이 수업의 질을 판단하거나, 외부 기준에 의해 실적에 따라 보상받아야 한다면 차라리 직업을 바꾸겠다고 말한다. 특히 그들은 표준화된 시험으로 학생들의 학업 성과를 판단하는 것에 회의적이다. 만약 영국이나 미국의 교사들처럼 표준화된 시험이나 외부에서 책무성을 묻는 관행 때문에 스트레스를 받아야 한다면, 교사를 그만두겠다고 한다. 한마디로 핀란드의 교사들은 전문적 자율성, 명망, 존경, 신뢰를 누리는 데서 보람을 찾는다. 학교와 교실에서 전문적 자율성을 가질 수 없다면 교사라는 직업 자체에 회의를 품게 될 것이다.

핀란드 학교를 방문한 외국인들은 교사의 자질을 어떻게 평가하는지 자주 질문한다. 평가를 하지 않으면 뛰어난 교사와 무능한 교사를 어떻게 구분할까? 핀란드에는 공식적인 평가 수단도 없는데 어떻게 교사의 능력을 측정할까? 핀란드의 교사들은 같은 수업에 공동으로 참여하여 동료의 수업 방식을 이해한다. 자신의 수업 방식을 되돌아보고 동료 교사들과 책임을 공유하는 훌륭한 방법이다. 외부 기관이 교사의 수업과 학교 운영을 평가하는 학교 감찰 제도는 1990년대 초에 이미 폐지되었다. 오늘날에는 교장이 교사로서의 개인적 경험을 살려 교사들이 서로의 강점과 부족한 점을 이해하도록 도와준다. 결국 핀란드의 학교에서는 교사를 훌륭한 교육을 받은 전문가로 인정하며, 학교를 위해 최선의 노력을 다한다고 가정하고 있다. 핀란드의 교사는 서로를 신뢰하고, 교육에 대한 의견을 활발히 교환하며, 교장의 리더십을 믿고 따른다.

핀란드 교사는 수업 시간이 유난히 적다. 북미의 교사들은 가르치는 시간이 길어 학교에서 다른 활동을 할 여력이 없는데 말이다. 미국 교사는 교실에서 연간 1,100시간을, 핀란드 교사는 600시간을 보낸다. 심지어 핀란드 교사는 수업이 없거나 교장이 부탁한 다른 일이 없으면 학교에 가지 않아도 된다. 그러면 다른 나라의 교사가 학생을 가르칠 때 핀란드 교사들은 무엇을 할까? 핀란드에는 교과 과정을 설계·개발할 책임이 학교에 있다. 또한 교사는 학생의 학업능력과 학교의 성과를 평가하는 주체이므로, 학생의 실력을 확인할 수 있는 적절한 평가와 시험을 만들어서 실시할 의무가 있다. 그밖에도 핀란드 교사는 커리큘럼 개발, 새로운 수업 방식의 시험 적용, 학생의 복지 지원, 학부모와 협력할 책임 등이 있다. 이러한 의무를 이행하려면 시간과 신뢰가 필요한데, 핀란드 교사는 이 두 가지를 모두 갖고 있다.

교사라서 행복해요

쿨로사리 학교에 가서 국제업무 담당 교사 린다Linda Eklöf를 만났다. 우리는 교사들이 커피를 마시고 대화를 나누면서 쉬는 장소인 교사 휴게실에 앉아 있었다.

"여긴 조금 시끄럽지만 조용히 일에 몰두할 수 있는 사무실도 있어요. 교사들은 수업할 때만 학교에 있으면 되고, 다른 업무는 집이든 어디든 원하는 곳에서 할 수 있죠."

린다는 물리와 수학 속성반을 가르친다. 속성반에서는 다른 반보다 3분의 1 정도 진도를 빨리 나간다.

"똑똑한 아이들만 이런 수업을 듣는 건 아니에요. 학생들 중엔 아스퍼거증후군(인지발달은 정상이지만 사회적 상호작용에 문제가 있고 관심 분야와 행동 분야가 지극히 제한되는 증세를 보이는 발달장애의 일종 – 옮긴이)이 있거나 지나치게 소극적인 아이들도 있어요."

린다는 핀란드 기준에서는 특수한 경로를 거쳐 교사가 되었다. 대학에서 물리학을 전공한 다음 어쩌다 대리교사로 일하게 되었는데, 가르치는 일이 의외로 맘에 들었다고 한다. 그래서 그녀는 교사 자격을 취득하려고 특별 과정을 이수했다. 그녀는 학생들과 사이가 무척 좋아 보였다.

"교사는 학생을 인격체로 대하고, 학생도 교사에게 친밀감을 느껴야 해요. 저 역시 아이들과 공감하려고 많이 노력하죠. 상호간의 이해만 있으면 관계는 얼마든지 좋아질 수 있어요. 반드시 학생과 동등해져야 한다는 뜻은 아니에요. 교사로서의 권위는 지켜야 하지만 관계가 격식에 얽매일 필요는 없어요. 물론 그건 교사하기 나름이죠."

핀란드에서는 고등학생도 많은 독립성을 갖는다. 다른 나라 대학생 정도의 대우를 받는다. 출석 일수는 정해져 있지만 출석 여부는 학생에게 달렸다고 한다. 핀란드에서는 학생을 굳게 신뢰하기 때문에 오히려 중퇴율이 낮다.

"핀란드 교사들은 칭찬을 잘 하지 않아요. 사람들을 치켜세우면 안 된다고 생각하기 때문이죠. 어찌 보면 핀란드인이 겸손해서 그래요. 모든 사람은 평등하니까요. 약자에게는 지원을 아끼지 않지만 강자는 지원하지 않아요. 물론 평범한 사람들도 지원의 대상이고요."

린다는 학급에 학습능력이 떨어지는 학생이 있어도 크게 문제되지 않는다고 한다. 학습장애가 있는 학생들은 특별한 교재를 사용한다. 또한 교사가 새 학교에 부임하면 교직에 맞는지 알아보기 위해 4개월의 수습기간을 갖는다.

"교장, 교감을 제외한 교사들 사이에는 서열이 없어요. 부장 같은 직위는 없고 코디네이터 역할을 하는 교사들이 있을 뿐이에요. 초과근무를 하면 경제적 보상을 받지만 그렇다고 다른 교사에게 뭘 하라고 지시할 수 있는 건 아니에요. 교사는 모두 평등하니까요."

린다는 핀란드의 교사들이 누리는 자유를 정확하게 인식하고 있었다. 학교에 오는 길에 갑자기 수업 계획을 바꾸었다는 린다는 그러면서 얼마나 많은 특권을 누리고 있는지 새삼 깨달았다는 말을 덧붙였다.

– 레네의 교육 탐방 일지

평등의 교실

학생의 능력별 분반은 폐지되었다. 모든 아이가 능력과 관계없이 같은 교실에서 수업을 받는 대신 특수 교사들이 '어떤 아이도 뒤처지지 않게' (조지 W. 부시 대통령 시절의 학교 개혁 정책에서 내세운 슬로건이다. 하지만 미국의 교육 개혁은 결국 실패했다) 필요한 학생에게 도움을 준다. 핀란드의 교실에서는 학생 각자에게 많은 책임을 부여한다. 그래서 교사는 뒤처지는 학생을 하나하나 보살필 여유가 있다. 학교의 규모가 대체로 작아서 교사는 모든 학생을 속속들이 이해한다. 초등학교에서는 학년이 바뀌어도 교사는 바뀌지 않기 때문에 교사는 학생들의 학습 습관을 잘 알고 있다. 각 학생에게 어떤 약점이 있는지 진단하여 문제를 조기에 해결할 수 있다. 그 결과 다른 나라에서는 학업 부진아 또는 문제 학생으로 낙인 찍힐 만한 학생도 또래와 비슷한 수준까지 끌어올릴 수 있다. 한 가지 방법이 실패하면 교사는 동료들과 협의하여 다른 방법을 시도해본다. 이렇게 핀란드 학생들은 취학 후 9년간 아주 특별한 관리를 받는다. 여기에는 교사의 섬세한 학급 관리 기술과 높은 수준의 교육학 전문 지식이 요구된다.

『세계의 학력차The Global Achievement Gap』의 저자 토니 와그너Tony Wagner는 핀란드 교사에 대해 이렇게 설명한다.

- 교사는 더 이상 단순 노동자가 아니다. 동료들과 협력하고, 교실을 지속적인 혁신을 시도하는 실험의 장으로 여기고, 모든 학생이 최고의 역량을 이끌어낼 수 있도록 노력하는 지식 노동자다.

또 헬싱키대학 사범대학의 부학장 리나 크로크포르스Leena Krokfors는 이렇게 말한다.

- 교사는 학생들이 창의성을 발휘해 지식을 창조하도록 도와주는 사람들입니다. 교사의 노력을 통해 공동 지식이 만들어지는 거죠.

파시 사르베르크는 교사에 대해 이렇게 결론을 맺는다.

- 다른 나라에서 핀란드 교육 과정이나 학교 조직을 무작정 모방하는 것은 바람직한 전략이 아닙니다. 그러나 핀란드가 교사의 역량과 학업 성취도를 끌어올리기 위해 노력하면서 깨달은 긍

정적인 교훈은 면밀히 연구할 가치가 있습니다. 매년 가장 유능한 젊은이를 사범대에 유치하기 위해서는 교사들에게 외부에서 요구하는 기준을 덮어놓고 따르게 하거나, 쉴 새 없이 평가에 시달리게 하거나, 행정업무 부담을 지우기보다는 독립적이고 존경받는 직업인이라는 자부심을 갖게 해야 합니다.

사람들은 학교에서 배운 지식을 쉽게 잊어버린다. 하지만 어떻게 배웠고 누구에게 배웠는지는 잘 잊지 못한다. 어떤 과목의 선생님이 현명하고 사려 깊고 온화하고 창의적이며 열정적이고 학생들에게 용기를 주는 재미있는 분이었는지, 아니면 지루하고 무심하고 냉정하고 과격한 선생님이었는지는 결코 지워지지 않는다. 과목의 내용은 금방 잊히지만 그것을 가르쳐준 사람에 대한 기억은 오래 남는다. 아이들이 수학이나 영어, 사회과학을 좋아하는지 싫어하는지는 대개 그 과목을 배운 교사와의 관계가 어땠느냐에 달려 있다. 아이들은 훌륭한 선생님과의 관계 속에서 배움에 대한 열정을 키우고, 인생을 살아가는 데 필요한 지혜를 얻고, 성실하고 믿음직한 성인으로 성장할 수 있다. 이것이 바로 교사의 힘이다.

2

학생 속으로 들어가는 교사
– 현직 교사 랄프와의 만남

레네는 대형 슈퍼마켓 안에 있는 실내 카페에서 랄프 와덴스트롬Ralf Wadenström을 만났다. 그의 12세 아들이 스포츠클럽에 가 있는 동안 짬을 낸 것이었다. 랄프는 머리숱이 줄어가는 40대 남자였다. 대화 도중에 자주 환한 미소를 보여주었고, 농담도 꽤 많이 했다. 그가 학생들 사이에서 코미디언이라 불리는 이유를 충분히 알 것 같았다.

랄프는 조금은 남다른 경로를 거쳐 교사가 되었다. 교사생활 5년째인 2005년부터 교육학 공부를 시작했다. 이미 가르친 경험이 풍부했기 때문에 일부 과정을 면제받았다. 랄프는 스웨덴어를 사용하는 학교에서 일하고 있다. 헬싱키 지역에 스웨덴어를 하는 교사가 부족한 덕에 수월하게 채용이 되었다고 한다. 스웨덴어 학교는 공식 언어를 제외하고는 핀란드어 학교와 차이가 없다. 랄프에 따르면 그곳에는 교사임용 자격을 모두 갖추지 못한 교사들도 있다고 한다. 교과목 관련 학위 취득 후 교사가 부족한 시기에 교직에 발을 들인 사람들이다. 이런 경우에는 교육학 소양보다 과목별 전문지식을 위주로 교사를 선발한다. 랄프는 철학 박사 학위 소지자로, 처음에는 대학과 고등학교에서 철학만을 가르치다가 지금은 중학생들에게 생물학, 물리, 수학, 화학도 함께 가르치고 있다. 수학이나 과학을 가르치기란 쉬운 일이 아니다. 전 세계 어딜 가나 학생들이 가장 싫어하는 과목이기 때문이다. 그는 학생들에게 어떻게 학습 동기를 부여할까?

- 제가 워낙 농담을 많이 해서 아이들이 저더러 스탠드업 코미디언이래요. 학생들은 선생님 개인에게 인간적인 관심이 많아요. 그래서 물리를 가르칠 때 저의 실생활에서 예를 가져와요. 제 차는 이탈리아제 푸른색 피아트인데, 교실에서 가속의 원리를 설명할 때 같은 차의 축소 모형을 가져와서 아이들에게 직접 보여줬어요. 파워포인트 자료에도 제 차 사진을 사용했고요. 연예인처럼 행동한다고 생각하실지 모르겠지만 학생들은 선생님과 관련 있는 정보를 더 쉽게 기억하거든요. 아무 자동차 사진이나 가져다 쓰면 아이들은 금방 잊어버리지만, 선생님 자동차라면 얘기가 다르죠.

수업 시간이 길어졌기 때문에 더더욱 이런 노력이 필요하다.

- 작년만 해도 45분이었는데 올해부터 75분으로 늘었어요. 그렇

다 보니 학생들이 흥미를 잃지 않고 수업에 적극적으로 참여하게 만들어야 하죠. 긴 시간 내내 교사 혼자 떠들 수는 없으니 실험을 하고, 물리 시범도 보이고, 토론도 시키고, 의견도 발표하게 하죠.

랄프는 학생들의 학업 성과를 평가하는 방법도 설명해주었다. 평가 방법은 순전히 교사 재량에 달렸다고 한다. 그는 가방에서 종이 뭉치를 꺼내어 레네에게 보여주었다.

- 오늘 본 시험이에요. 당신을 만나지 않았다면 지금 이것들을 채점하고 있었을 거예요. 저는 시험, 퀴즈 등을 통해 아이들을 평가해요. 9학년 물리 수업에서는 한 해에 4~5번의 시험을 치러요. 실험에 참여하는 태도를 보고 평가할 때도 있고요. 하지만 조별 작업이라 어느 아이가 잘했는지, 누가 무엇을 했는지 판단하기가 다소 어려워요. 과제의 완성도나 학생의 관심과 참여도를 평가할 때 저는 꽤 주관적이에요. 집에서 해오는 숙제나 수업 시간에 아이들이 하는 대답도 평가에 반영해요.

부모에게도 자녀의 성적을 별도로 통지한다. 핀란드에서 성적은 10점 만점에 4~10점으로 평가한다.

랄프는 중학교 저학년 반의 담임도 맡았는데 그 반 학생들은 대부분 랄프의 물리와 수학 수업을 듣는다. 하지만 반 학생 전체를 만나는 건 한 주에 한 차례뿐이다.

- 담임 교사는 공지사항을 전달하거나 학생들과 교육적인 체험 활동을 함께 하는 게 주된 의무지만 아이들을 만나면 가볍게 농담을 주고받기도 해요.

- 교사는 학부모를 최소 1년에 한 번씩은 만납니다. 7학년 이하의 어린 학생들을 가르칠 때는 모든 부모를 만났지만 고학년을 맡고 보니 그건 좀 어렵더라고요. 그래도 교사-학부모 회의는 있어요. 저는 다른 교사를 평가할 때 무척 조심스러워요. 이탈리아인인 제 아내는 쉽게 흥분하고 비난도 잘 퍼붓곤 하는데 전 그게 쉽지 않더라고요. 같은 교사로서 교사생활의 어려움을 잘 아니까요. 저는 부모들에게도 욕을 많이 먹는 편이에요. 특히 아이가 수학을 잘하지 못하면 부모는 교사가 잘못 가르치거나 설명을 제대로 못해서라고 생각하죠. 다른 과목에서는 그런 소리를 들을 일이 없어요.

- 저는 핀란드와 유럽에 대해 매우 비판적이에요. 하지만 제 이탈리아인 아내가 핀란드를 나쁘게 말하면 듣기 싫더라고요. 한국 같았으면 저처럼 제멋대로 생각하고 가르치는 교사는 진작 쫓겨났을지도 몰라요. 엄격한 시스템이 잘 맞는 학생들도 있겠지만 핀란드 시스템은 아주 유연해요. 독일만 가도 이보다 훨씬 엄격하죠. 물론 북유럽 스타일에도 장점과 단점이 있어요. 모든 사람을 하나하나 배려하고 문제 학생에게 주로 관심을 쏟는다는 것도 장점인 동시에 단점이 될 수 있죠. 어찌됐든 핀란

드 교사가 가장 중요하게 생각하는 건 학생들의 행복이에요.

랄프는 교사로서 자신이 생각하는 성공의 의미에 대해 이렇게 설명했다.

- 학생들이 제 과목에 관심과 흥미를 보일 때 굉장히 뿌듯해요. 그게 꼭 제 덕이 아니라 해도 아이들이 공부에 열정을 보이면 교사로서 성공했다는 생각이 들어요. 고등학교 교사에게는 학생들의 학교 시험과 대학입학허가 시험 성적이 무척 중요하죠. 하지만 저는 저학년을 가르치고 있으니 숫자를 보고 저의 성공 여부를 판단하고 싶지는 않아요. 학생들이 제 과목을 재미있게 느낀다면 저는 그것으로 만족합니다.

핀란드인은 대규모 개혁이나 변화에 익숙하지만 정책결정자의 의도에 대해서는 항상 비판적인 태도를 견지하고 있다. 그런 점에서 매우 보수적인 동시에 혁신적이다. 핀란드 교육 제도를 비판하는 랄프의 말에서도 이런 국민 정서를 읽을 수 있었다.

- 전 제도 개혁에 무척 회의적이에요. 장관이 새로 바뀌면 꼭 제도를 뜯어고치려 들죠. 새 교장이 와도 더 높은 자리로 올라가려는 욕심에 뭔가 손을 대려고 해요. 제가 보기엔 그런 동기에서 개혁을 시도하는 사례가 많아요.

랄프는 잠시 생각하더니 화제의 범위를 조금 넓혔다.

- 뭔가 바꿔야 할 점이 있으면 사회가 주도적으로 나서야 해요. 학교는 그저 사회 분위기를 반영할 뿐이니까요. 집에서도 더 많은 훈육이 필요하다고 봐요. 아이들이 부모를 존경하지 않는데 교사를 존경할 리 없잖아요. 부모가 서로를 존중하지 않기 때문에 아이들이 부모를 존경하지 않는지도 모르겠어요. 부모가 서로를 헐뜯거나 아이에게 '네 아빠 말은 들을 필요도 없다.' 같은 얘기를 하니까, 아이들이 학교에 와서도 집에서 하던 대로 어른을 우습게 여기죠.

- 학교에서 평등을 지나치게 강조하다 보니 아이들이 교사의 권위에 쉽게 의문을 품곤 해요. 그래서 교실 분위기가 쉽게 어수선해지죠. 조금 어수선한 게 항상 나쁘다고 할 수는 없지만 그런 환경에서는 수업을 진행하기 어려워요.

랄프는 점심 시간에 일어난 사건을 이야기해주었다. 한 여학생이 학생은 들어오지 못하게 되어 있는 교사 휴게실 문을 마구 두드렸다고 한다. 그 학생은 화가 났는지 뭐라고 마구 소리를 질러댔다. 교사 한 명이 밖으로 나가, 쉬는 시간에는 다른 학생들과 함께 운동장에 있으라고 말하자 그 학생은 교사에게 심하게 대들더니, 나중에는 그 교사가 문제를 해결해줄 생각은 않고 자기 머리채를 잡고 휴게실에서 끌어냈다고 주장했다.

• 물론 부모가 아이에게 체벌을 가하는 것은 허용되지 않습니다. 모든 북유럽 국가에서 금지하고 있죠. 그렇다 보니 부모에게 너무 권위가 없어요. 자녀를 그냥 제멋대로 내버려두죠. 아이들은 학교에 와서도 집에서 하던 행동을 그대로 하고요. 학생들이 교사를 좋아하긴 해도 전혀 두려워하지는 않아요. 수학 교사들은 대체로 가장 미움을 받는 사람들이죠. 하지만 수학 교사인 저 역시 학생들의 사랑을 받는다는 것을 느껴요. 교사와 끈끈한 유대 관계를 갖고 스스럼없이 지내는 건 좋은 일이죠. 그래도 저는 교사들이 교권을 좀 더 바로 세워야 한다고 생각해요. 하지만 사회가 권위를 세워주지 않으니 문제죠.

2014년 겨울 핀란드에서는 교사가 학교에서 말썽을 피우는 학생을 상대로 권위를 행사할 수 있게 하는 법률이 통과되었다. 그 결과 교사들은 학생의 잘못된 행동을 훈육하기 위해 재량에 따라 벌을 줄 수 있게 되었다. 한 교장이 흡연하는 학생들을 지도하다가 오히려 견책을 받게 된 사건이 이 법률 제정의 시발점이 되었다. 당시 교장은 그런 일에 간섭할 권리가 없다는 말을 듣게 된다. 이후 그는 소송을 제기했고 이 사건은 결국 교사의 교권을 되찾아주는 법률 제정으로 이어졌다. 이제 교사는 학생이 휴대폰 때문에 수업에 집중하지 않으면 휴대폰을 압수할 수 있으며, 교실을 어질러 놓으면 청소를 시킬 수도 있다. "그게 상식이잖아요"라며 랄프는 이런 법이 생겨서 다행이라 말했다.

이런 변화는 아이들의 기본적인 권리를 지켜주려는 노력에서 나왔다. 학생의 복지와 안전을 지키고, 집단 괴롭힘, 물리적 위협, 성추행 등 폭력적인 행동을 줄이려는 목적으로 제정된 포괄적인 법률의 일부로서 학교의 징계권을 규정하게 된 것이다. 부모와 교사의 역할 분담은 여전히 논의의 대상이지만, 이러한 변화는 부모와 교사 간의 협력을 더욱 강조한다. 하지만 이러한 법률 역시 학생의 사생활권과 개인정보 보호는 절대 소홀히 하지 않는다.

핀란드의 아이들은 독립된 인격체로서 존중과 보호를 받는다. 매년 11월 20일에는 세계 어린이의 날을 기념하는 다양한 행사가 열린다. 이 날은 1959년 국제연합에 의해 아동권리협약이 채택된 날이다. 랄프는 이렇게 설명한다.

- 학교는 모든 아이가 마음 편히 학교에 다닐 수 있도록 배려하고 있어요. 핀란드에서는 문제가 있는 사람들에게 특별한 관심을 갖습니다. 결국 행복을 가장 중요시하는 거죠. 교사의 최대 관심사는 역시 학생의 행복입니다.

하지만 랄프에 따르면 고학년 학생들이 자신의 권리를 너무나 잘 인식하고 있다는 점이 문제라고 한다. "학생들은 학교에서 자신들이 누려야 할 권리가 조금이라도 침해당했다고 느끼면 가만있지 않아요"라고 말하며 랄프는 학생들의 이런 태도가 선생님의 이름을 부르는 것과는 전혀 상관이 없다고 믿는다. 그는 격의 없는 사제 관계가 좋다고 한다.

- 학생들이 저를 '랄프' 외의 다른 호칭으로 부르면 그게 더 어색해요. 하지만 제가 학생들 앞에서 교장 선생님을 불러야 할 때는 그분의 권위를 존중하는 뜻에서 직위를 부릅니다. 학생이 문제를 일으킬 때 단호하게 잘못을 바로잡아줄 사람은 있어야 하죠. 하지만 아무리 엄격한 선생님이라도 학생들이 이름을 부르는 건 허락합니다. 학생들은 교사를 자연스럽게 믿고 따르는 편이지만 권위를 세우지 못한 대리 교사가 오면 교사를 이기려 들기도 해요. 선생님이라고 저절로 권위가 생기는 건 아니니 학생들의 존경을 얻으려는 노력이 필요합니다.

- 핀란드는 사회적 평등이 폭넓게 실현된 나라입니다. 우리는 사람들의 사회적 배경을 의식하지 않아요. 출신 계급에 따라 말투마저 달라지는 영국과는 크게 다르죠. 핀란드에서는 상대방이 누구든 서로의 사회적 지위를 따지지 않고 동등한 입장에서 대화할 수 있다는 점이 마음에 들어요.

평등은 모든 사람에게 동등한 혜택과 기회를 제공하여 같은 인생의 출발점에 세우고, 전 국민의 건전한 성장을 유도하는 환경을 조성하는 것을 뜻한다. 핀란드의 교사들은 교실에서 전문가로서의 임무를 다하고 있지만 가정이 제 역할을 못할 경우 아이들에게 부모를 대신해 신체적, 정신적 도움을 주어야 할 때도 있다. 랄프는 이렇게 말한다.

- 집에서 충분한 보살핌을 받지 못하는 학생을 위해 때로는 부모 역할도 해야 해요. 제 학생 중에는 7학년 때 무척 방황하다가 9학년 때는 훨씬 나아진 모습을 보여준 아이도 있어요. 제가 학생들과 항상 함께 하는 건 아니니 그것이 모두 제 덕이라는 뜻은 아니에요. 하지만 학교는 분명 아이의 삶에서 큰 부분을 차지하고 있어요. 문제를 겪고 있는 아이에게는 어떻게든 도움을 주어야 하죠.

랄프는 학생들과 마음을 터놓고 지내는 편이다.

- 허물없는 사이를 유지하고 있고 서로의 사생활까지 어느 정도 알고 있어요. 학생들은 선생님에게 관심이 많아 선생님에 대해서라면 뭐든지 오래 기억하죠. 선생님한테 들은 이야기를 다른 친구들에게 전해주기도 하고요. 어찌 보면 유명인이 된 듯한 기분이에요.

그는 이렇게 덧붙였다.

- 작년 크리스마스 때 교사들이 학생들을 위해 〈강남스타일〉 공연을 했어요. 어설프기 짝이 없었지만 아이들은 아주 즐거워했죠. 전 춤을 정말 못 추는데도 그렇게 열렬한 환호를 받을 줄 몰랐어요. 올해도 히트송 〈What Does the Fox Say?〉를 불렀죠. 우리가 망가지는 모습을 보면 학생들이 얼마나 좋아하는

지 몰라요. 우리는 학생과 별로 거리를 두지 않아요. 너무 격식을 차리거나 권위를 내세우지도 않고요. 그래야만 학생과 가까워질 수 있죠.

레네 역시 한국 학교에서도 축제나 수학여행 장기자랑 때 비슷한 경험을 한 적이 있다. 몸을 아끼지 않고 학생들을 웃겨준 선생님들 덕분에 모두들 즐거운 시간을 보낼 수 있었다. 레네는 랄프의 경험에 공감이 되어 한국의 선생님의 모습을 떠올렸다.

3

관행에서 벗어난 본보기의 힘

- 교장 선생님 리나와의 만남

핀란드인은 자국의 교육 제도에 관해 늘 촉각을 곤두세우고 감시의 눈길을 거두지 않는다. 또한 기존의 성과에 안주하지 않고 제도를 더욱 발전시키려 노력한다. 유연한 시각으로 교육 제도를 바라보고, 문제가 발견되면 지속적으로 개선하기 위해 최선을 다한다. 리나 코틸라이넨 리탈라Leena Kotilainen-Ritala 역시 핀란드가 아이들을 위해 개선해야 할 점이 아직도 많다고 생각하는 사람이다.

핀란드를 떠나기 며칠 전 레네는 키르코누미 시에 있는 키르코하르준 초등학교를 찾아갔다. 이 학교는 최근 그 지역의 중학교와 통합되어 1~9학년을 아우르는 종합학교로 거듭났다. 레네는 도착 전 주에 이 도시를 돌아다니며 인근 학교의 교장 선생님들을 만날 수 있는지 알아보았다. 숙소에 돌아오니 각각 초등학교, 중학교, 고등학교 교장 선생님 세 분의 이메일이 도착해 있었다. 레네는 그중 가장 적극적이었던 초등학교 교장 선생님 리나를 비롯해 세 분 모두에게 답장을 보냈다. 리나의 메일에는 구체적인 시간도 정하지 않고 '저희 학교에 오신다니 환영합니다! 월요일이나 화요일에 언제든 찾아오시면 돼요'라고 적혀 있었다.

학교에 도착한 레네는 조금 갈팡질팡했다. 초등학교, 중학교, 고등학교가 모두 연결되어 있어 마치 거대한 미로 같았다. 관리 사무실의 도움을 받아 간신히 리나의 사무실을 찾았다.

리나는 키가 작고 통통한 몸매의 60대 초반 여성이었다. 검은 머리는 곱슬곱슬했고 품이 넓은 검정 원피스에 짙은 색 스타킹 차림이었다. 돋보기가 매달린 무지개 색 안경 줄을 목에 걸고 있었다. 그녀의 사무실에는 긴 아치형의 책상이 놓여 있었다. 한쪽 면은 벽에 맞닿아 있고 구부러진 부분이 사무실의 한가운데까지 뻗어 있어 리나는 문 쪽을 바라보고 앉을 수 있었다. 널찍한 사무실 공간에는 회의용 테이블과 의자도 구비되어 있었다. 벽에는 일본풍 그림과 아프리카의 학교를 담은 사진, 아이들의 작품이 걸려 있었다. 전체적으로 알록달록하고 화사한 분위기여서 금방 기분이 좋아지는 공간이었다.

리나는 초등학교 교장이지만 올해 초 그녀의 학교가 중학교와 통합되는 바람에 새 학교에서는 교감 비슷한 역할을 하고 있다. 그녀는 모든 교사에게 레네의 방문을 미리 알려두었다. 한 교사가 "교장 선생님은 외국인을 학교에 자주 불러들이시네요. 제가 영어로 말할 일은 없었으면 좋겠어요"라고 해서 리나는 그럴 필요가 없다며 그 교사를 안심시켰다는 말을 전했다.

잠시 이야기를 나눈 뒤에 리나는 학교 교실을 구경시켜주었다. 그녀의 사무실에서 가까운 곳부터 시작해 모든 교실을 차례로 둘러보았다. 바느질, 뜨개질 등 선택 과목 수업을 진행하는 교실에도 들렀다. 재료 창고에는 다양한 질감, 색상, 문양의 직물이 천장 높이까지 쌓여 있었다. 작업실 창가에는 싱거Singer 재봉틀 10여 대가 비치되어 있고, 교실 한가운데에 있는 8개의 작업대 위에는 실꾸러미가 놓여 있었다.

- 학생들은 이 수업과 기술 수업 중 하나를 선택할 수 있어요. 남학생들도 이 수업을 많이 선택한답니다.

리나의 학교는 실용성을 강조하는 핀란드 교육 현장을 담은 2011년 KBS 다큐멘터리 '손끝의 힘: 핀란드 공예'에도 소개되었다. 그녀는 그때 일을 자랑스레 소개하면서 방송국에서 보내온 DVD를 틀어주었다.

리나의 학교를 담은 장면에는 전날 숲 속에서 모은 물건들로 난해한 작품을 만드는 유치원생들의 모습이 등장했다. 아이들은 한 주에 한두 번 친구들과 함께 만들기 수업을 받는다. 이번 시간에는 주워 온 재료로 집을 만들어야 한다. 조별로 모인 아이들은 나무판에 망치질을 하며 다람쥐 집을 만드는 데 열중했다. 막대기와 작은 나무토막을 사포로 문지르는 아이도 있었다. 교사는 옆에 서서 유치원생들이 작업하는 모습을 지켜보았다. 때때로 한마디씩 거들긴 했지만 대부분 아이들이 자기 힘으로 하도록 내버려두었다. 아이들은 주워온 솔방울, 나뭇잎, 도토리를 완성된 집에 붙였다. 선생님이 아무런 지

시도 하지 않기 때문에 아이들은 창의력을 한껏 발휘할 수 있다. 선생님은 학년이 올라갈수록 공예 시간에 더 정교한 도구를 사용하게 된다고 설명하셨다. 레네는 창의적이고 예술적 감각이 뛰어난 세 남동생을 떠올렸다. 그 아이들 역시 만들기 활동을 통해 그런 재능을 키울 수 있었던 것이다.

리나의 사무실로 돌아간 레네는 그녀의 교육 철학과 신념에 대해 물어보았다.

- 배움은 재미있어야 해요. 교사는 학급이나 아이들을 통솔하는 존재가 아니에요. 그저 아이들의 학습을 돕는 조력자일 뿐이죠. 하지만 그것을 이해하지 못하는 교사들도 있더군요. 지금 제가 이렇게 웃고 있어도 그런 현실을 생각하면 안타까울 따름이에요. 어릴 때는 두려움을 느끼면 배움에 집중할 수 없죠. 우리 학교 교사들에게 계속 힌트를 주고 있는데도 알아듣지 못하는 교사가 있어서 답답해요.

- 모든 아이는 배우는 방식이 다릅니다. 아이를 진정으로 이해해야만 그 아이의 학습 방식을 알 수 있죠. 그래서 교사는 학생을 잘 이해해야 합니다. 현명한 교사는 아이가 스스로 배울 수 있게 도와주어야 해요. 아이들에겐 그럴 능력이 있으니까요. 학교생활이 부담스럽다거나 학교에서 단순한 지식만 암기했다고 느끼게 해선 안 되고, 실제로 무언가를 배웠다고 느끼게 해야 하죠.

리나는 1975년에 교사가 되었다. 투르쿠에서 교사생활을 하다가 남편이 키르코누미에 직장을 잡는 바람에 이곳으로 옮겨 오게 되었다고 한다. 과거에 키르코누미는 지금보다 인구밀도가 훨씬 낮았다. 대부분이 삼림 지대였고 주민들은 띄엄띄엄 흩어져 살았다. 하지만 그때 이후로 이 지역은 엄청난 변화를 겪었다. 버스 정류장과 기차역 근처에 맥도날드도 생겨 학교가 끝나고 나면 아이들이 이곳에 몰려와 시간을 보내곤 한다. 하지만 지금도 여전히 작은 도시다.

- 당시에는 '이런 데서 대체 뭘 하며 지내야 하나?' 싶었어요. 핀란드어에 '하느님의 등 뒤 어딘가'라는 표현이 있어요. 어딘지도 모를 외딴곳이라는 뜻이죠. 키르코누미가 바로 그런 곳이었어요. 그러고 보니 여기서도 꽤 오래 살았네요.

리나는 관행에 얽매이지 않는 교육 제도로 유명한 나라에서도 특히나 관행을 따르지 않는 사람이었다. 그녀는 핀란드 교육 제도의 장점을 잘 알고 있지만 여전히 개선의 여지가 있다고 생각한다. 그런 문제의식은 대부분 그녀 자신의 통찰력에서 나왔다. 리나 역시 수십 년 전에는 핀란드에서 학생으로 살아보았기 때문에 그때의 경험을 근거로 아이들의 학교생활을 바꿔주고 싶다는 소망을 품게 됐다. 힘든 학창시절을 보낸 탓에 학교생활에 어려움을 겪는 요즘 학생들을 누구보다 깊이 이해할 수 있다.

- 학창시절 내내 한순간도 즐거웠던 적이 없어요. 고등학교 때조

차 선생님들이 학생들을 존중한다는 생각이 들지 않았거든요. 그런데 교환학생으로 미국에 갔다가 얼마나 놀랐는지 몰라요. 모든 학생이 즐거워 보였고 학교에서 전혀 주눅들 일이 없었거든요. '넌 왜 이렇게 형편없니?'라며 소리 지르는 선생님은 한 분도 없었어요.

- 제가 남들에 비해 좀 유난스러운 것 같긴 해요. 다른 사람들도 모두 저처럼 생각하진 않거든요. 저는 뭐든지 열심히 하는 순종적인 학생이었는데도 여전히 학교에서 제대로 대우받지도, 이해받지도 못하고 있다는 느낌이었어요. 그게 40~50년 전의 상황이에요. 세상이 많이 달라졌지만 아직도 충분치 않아요. 교사는 학생과 같은 눈높이로 자신을 낮추어야 해요. 서로를 이해하고 동등한 위치에 서야만 상대를 진정으로 도울 수 있다고 생각해요.

리나는 교사가 되려는 학생들이 너무 경험이 없다는 점도 걱정스럽다고 했다.

- 대학의 교사 양성 과정은 매우 전문적이지만 대학생들이 너무 젊어서 충분한 인생 경험이 없다는 점이 문제예요. 교육 대학에 입학하기는 쉽지 않아요. 성적이 아주 좋아야 하니까요. 가장 뛰어난 학생들만 교사가 될 수 있죠. 여학생이 대부분이라는 점도 개인적으로 아쉽게 생각해요. 어린 여학생들은 지금

껏 공부만 해온 모범생들이라 세상물정을 잘 모르고 너무 순진하죠. 세상의 어두운 면은 겪어본 적이 없어요. 학교에서 고분고분하지도 않았고 성적도 그다지 좋지 않았던 남학생이라면 경험을 바탕으로 아이들을 좀 더 현명하게 대할 수 있을 텐데요.

리나는 자신의 두 아들이 일반 학교를 다닐 때보다 특성화 학교를 다니는 지금 훨씬 더 즐거운 학교생활을 하고 있다고 했다. 아이들은 지금 각각 연기와 음악 특성화 고등학교를 다니고 있다. 그녀는 학교가 아이들의 창의력과 감수성을 더욱 풍부하게 길러주기를 희망한다고 했다.

- 요즘에는 학교에서도 아이들을 존중해주고, 분위기도 훨씬 좋아졌어요. 여기 아이들도 행복하고 편안한 학교생활을 하고 있다고 생각해요. 하지만 여전히 도움이 많이 필요한 아이들이 있어서 걱정이에요. 그 아이들 역시 공동체의 훌륭한 구성원으로 성장시켜야 할 텐데요. 핀란드에서는 공부하는 법을 모르거나 일자리를 구하지 못하는 젊은이, 가출을 하거나 집에만 있는 학생, 다른 일은 모두 내팽개치고 게임에만 열중하는 아이들에 대해 많은 토론을 진행하고 있어요. 핀란드에는 앞날이 정말 걱정되는 젊은이들도 있어요. 그들이 학교에서 위축되지 않도록 도움을 주고 싶어요. 그 아이들은 '난 쓸모가 없어. 난 공부도 못하고 잘하는 게 하나도 없어'라며 부정적인 생각만

하고 있죠. 안타까운 일이에요.

- 교육 제도가 이미 많이 발전했는데도 제가 너무 급진적으로 나온다고 생각하실지도 모르겠네요. 핀란드의 교육 제도는 세계적으로 높이 평가받고 있지만 여전히 부족한 점이 있어요. 핀란드 아이들은 공부를 아주 잘하지만 학교에서 행복하냐고 물으면 그렇지 않다고 해요. 핀란드 학생들에게 학교 갈 때 기분이 어떤지, 학교 가는 게 좋은지 물어보면 다른 나라 학생들에 비해 긍정적인 답변이 적어요. 이 문제에 대해 많은 토론이 벌어졌지만 그 원인을 확실히 밝혀내진 못했죠. 저는 그 이유를 알 것 같지만 제게는 묻지 않더라고요.

- 제 생각에 핀란드 교사들은 스스로를 낮추려 하지 않아요. 권위를 상실하면 학급을 제대로 통제하지 못하거나 학생들에게 휘둘리게 된다고 생각해요. 하지만 저는 그런 생각에 동의할 수 없어요. 학생은 자신이 존중받고 있으며 선택권을 갖고 있다고 느껴야 해요. 어린 1학년 학생에게는 이번 시간에 수학을 공부할지 핀란드어를 공부할지, 아니면 글씨연습을 할지 바느질을 할지의 선택권도 없죠. 사소해 보이지만 아이들에게는 아주 큰 문제일 수도 있어요. 교사들은 학생 개개인에 맞춰 수업을 진행하는 건 불가능하다고 해요. 하지만 제가 보기엔 그렇지 않습니다. 불평만 늘어놓기 전에 우선 제도를 바로잡으려는 노력부터 해야죠.

• 이건 제 견해일 뿐 다른 교장들의 생각은 다를 수 있어요. 현행 제도에서 개선해야 할 점들을 솔직히 말씀드린 것뿐이에요.

레네는 리나에게 핀란드 학교에 대해 아직 개선할 점이 많다고 평가한다면 한국 교육 제도는 갈 길이 너무 먼 것 아니냐고 물었다. 리나는 이렇게 대답했다.

• 제가 듣기로 일본이나 한국 학생들은 좋은 대학에 들어가야 한다는 스트레스가 엄청나다더군요. 어린 학생들은 의지가 그렇게 강하지 않아요. 스트레스 때문에 자살하는 학생도 많다고 들었어요. 무엇이 최선인지는 모르겠네요. 누구나 만족할 만한 해결책을 찾기는 정말 쉽지 않아요. 다양한 교육 과정을 마련해야 하는 이유도 그 때문이겠죠.

리나는 1992년에 키르코누미 시의 초등학교에 근무할 때부터 자신만의 혁신적인 학습 제도를 도입하기 시작했다. 리나는 다른 학교에서 함께 전근해온 다섯 명의 동료 교사와 힘을 모아 교장이 된 직후부터 변화에 착수했다. 그들은 머릿속에서만 그리던 이상적인 학교의 모습을 실현하기 위해 다른 학교에서 찾아볼 수 없는 다양한 요소를 도입하기 시작했다.

월요일과 화요일에만 수업을 진행하고, 아이들에게 과제를 내주어 주말 전까지 스스로 완성하게 하는 것이 그 제도의 기본적인 운영방식이었다. 월, 화요일을 제외한 나머지 시간에는 아이들이 각자 공부를 하고 교사는 학생이 필요로 할 때 언제든 도움을 주었다. 이런 제도를 시행할 때도 정부의 허가 따위는 전혀 필요치 않았다고 했다. 그녀는 무작정 밀어붙였다고 했다. 그렇다고 쉬운 일은 아니었다.

- 학부모들이 '대체 어찌된 학교인지 모르겠네요' 라며 불만을 표시했어요. 이 변화를 반기는 부모는 아무도 없었고 아이를 다른 학교로 전학시키기도 했죠. 저는 화장실에 숨어서 몰래 울기도 했어요. 그래도 우리는 포기하지 않았죠. 확신이 있었으니까요.

리나는 2006년까지 그곳에 근무하다가 지금의 학교로 옮겨왔다. 하지만 그녀가 이 전의 학교에서 시작한 제도는 지금까지 안정적으로 운영되고 있다. 현재의 학교에서도 리나는 항상 긍정적인 변화를 위해 노력을 아끼지 않는다. 그녀는 고등학교 교환학생 시절 경험한 미국의 칭찬 문화를 핀란드와 비교했다.

- 미국 학교에서 가장 놀라웠던 점이 바로 칭찬이었어요. 이유는 잘 모르겠지만 핀란드에서는 칭찬을 잘하지 않거든요. 천성적으로 빈말은 할 줄 모르는 사람들이에요. 하지만 미국인들은 빈말에 능하죠. 심지어 고등학교 교과서에도 '당신은 정말 대단한 사람입니다' 같은 헛소리가 잔뜩 쓰여 있었죠. 나를 알지도 못하는 사람들이 그런 소리를 하다니 정말 웃긴다고 생각했어요. 미국 사람들이 하는 말은 그들의 진짜 의도와 다른 것

같았죠. 그런 생각을 입 밖으로 꺼내본 적은 없지만요.

- 우리는 지금껏 교사들은 칭찬을 많이 해야 한다고 배웠어요. 언론이나 교육 당국 역시 칭찬의 중요성을 강조하죠. 치료전문가들은 아이에게 아무리 좋은 말을 많이 해도 나쁜 말 한마디면 아무 소용이 없어진다는 입장이에요. 최근 나온 책과 전문가 의견에 따르면 '틀렸다' 또는 '나쁘다'라는 말은 하지 말아야 하고, 좋은 말을 해줄 수 없으면 차라리 아무 말 않는 편이 낫다고 하죠. 사소한 칭찬이라도 해주어야 한대요. 절대 아이를 나무라서는 안 되고요. 요즘은 핀란드에서도 이런 원칙을 충실히 따르고 있어요. 바람직한 현상이죠.

리나는 핀란드 학교에서 시행중인 집단 괴롭힘 방지 프로그램과 가해학생이나 피해학생을 위한 지원 제도에 대해 설명해주었다.

- 핀란드에서는 학교폭력에 대한 토론을 많이 진행하고 있어요. 학교 폭력 예방 프로그램인 키바코울루KiVa Koulu라는 제도도 있고요. 투르쿠대학의 크리스티나 살미발리Christina Salmivalli 연구팀이 개발한 프로그램인데 최근에 다른 유럽 국가에 수출되기도 했죠. 그들 나라의 학교 실정에 맞게 변형하여 적용한다고 해요. 우리 학교도 그 프로그램을 운영하고 있어요.

그녀는 학교에서 이 프로그램을 어떻게 적용하고 있는지 설명했다.

- 교사 여러 명이 둘씩 한 팀을 이뤄요. 우리 학교에서는 네 명의 교사가 두 팀으로 나누어 활동 중이죠. 교사나 부모가 학교 폭력이 있었다는 소식을 전해 듣거나 학생이 본인 또는 친구가 괴롭힘을 당했다고 어른들에게 알려주면 교사팀은 그 일에 관련된 학생 전부와 면담을 하고 사건의 내용을 기록합니다. 면담을 마칠 때 학생과 교사는 '리사는 욕설을 하지 않는다' 같은 약속을 하죠. 그런 다음 2주간 관찰 기간을 가집니다. 그후 또 2주가 지나면 모두 다시 만나 약속이 지켜졌는지 함께 평가하죠. 우리 학교에는 심리학자, 사회복지사, 보건교사, 특수 교육 교사와 교장인 제가 매주 별도로 개최하는 회의가 있어요. 학생들의 태도가 나아지지 않으면 그 사안을 우리 회의로 가져와서 학생들을 위해 무엇을 할 수 있는지, 누가 어떤 도움을 줄 수 있는지 의견을 나눕니다. 핀란드에서는 학생의 복지를 위해 결성된 이 모임을 '학생돌보미그룹Pupil Care Group'이라 불러요. 이 학교에는 특별 관리 학생이 많아서 한 주에 두 번 2~3시간 동안 회의를 합니다. 다른 학교는 대개 한 주에 한 번이지만 학생 수에 따라 달라지죠.

- 학교 폭력이 발생하면 항상 학부모에게 알립니다. 우리 회의에 참여시키기도 하고요. 하지만 핀란드 부모는 학교 일에 별로 열성적이지 않아요. 학교 일은 선생님들이 전문가니까 집에서만 본분을 다하면 된다고 생각하는 것 같아요. 제가 듣기로 덴마크의 학부모는 매우 협조적이라는데, 핀란드 부모들은 모두

오랜 시간 일을 해야 하니 학교 일에 참여하기 어려워요. 물론 좋은 일이 있을 때도 부모에게 알려야 하지만 학생 수가 많다 보니 그것도 쉽지 않아요.

보여줄 게 있다면서 그녀는 사무실 문 옆의 책장으로 다가가 책 한 권을 꺼냈다. 파멜라 K. 메츠Pamela K. Metz의 『배움의 도The Tao of Learning』를 핀란드어로 번역한 책이었다. 리나는 그 책에서 그녀만의 교육 방법에 대한 영감과 아이디어를 얻었다고 한다. '선생님의 선생님', '유연해지기', '아무것도 바라지 않기', '본보기의 힘', '물러나 있기' 등의 소제목이 눈에 띄었다.

- 이 책에는 가르침과 배움에 대한 심오한 생각들이 많이 담겨 있어요. 특히 이 부분이 가장 마음에 들어요. '그 옛날 현명한 교사들은 학생을 억지로 가르치지 않았다. 그들은 지식만으로는 충분하지 않다는 사실을 가르쳤다. 학생 스스로 답을 이미 안다고 생각하면 가르치기 어려워진다. 충분히 모른다는 사실을 알아야만 학생은 자기만의 공부 방법을 찾을 수 있다.' 이 부분은 저의 교육철학이기도 해요. '배우는 방법을 배우고자 한다면 절대 거만해질 수 없다. 소박함은 좋은 것이다. 자신의 삶에 만족하면 영적인 삶에 이를 수 있다.' 이걸 당신에게 보여드리다니 조금 부끄럽네요. 이런 이야기는 가까운 동료들과도 별로 해본 적이 없는데요.

레네와 리나는 서로 마음이 잘 통했던 것 같다. 그녀는 "기분이 훨씬 좋아졌어요"라면서 인터뷰를 마쳤다.

4

부산과 쿨로사리
- 교실과 수업

"신비는 우리가 할 수 있는 가장 아름다운 경험이다.
신비감을 느끼지 못하는 사람, 더 이상 감탄하지 않고
놀라움에 넋을 잃지 않는 사람은 죽은 자나 다름없다.(…)
나에겐 특별한 재능이 없다. 그저 강렬한 호기심이 있을 뿐이다."
—알버트 아인슈타인Albert Einstein

아이들에게는 여유가 필요하다. 신체적으로도 정신적으로도 속박되어서는 안 되며 자신을 둘러싼 현상과 문화를 탐구할 기회를 가져야 한다. 언제까지나 교실에만 갇혀 있거나 교과서에만 얽매여 있어서는 안 된다. 박물관과 도서관, 자연·문화·역사적 관심거리를 마음껏 찾아다녀야 하고, 회사, 공장, 정부 기관, NGO 사무실, 병원, 연구실, 영화 스튜디오를 체험해보아야 한다. 다양한 언어로 쓰인 책, 신문, 잡지 속 이야기에 흠뻑 빠져보아야 한다. 또한 성공한 사람, 매력적인 사람, 인격자, 야망 있는 사람, 작가, 정치인, 사업가, 의사, 교수, 성직자, 배우 등 다양한 사람들을 만날 기회를 가져야 한다. 경제적으로 여유가 있다면 전 세계를 여행하며 색다른 사람, 언어, 음식, 문화를 직접 체험해야 한다. 물론 자기 나라 안에서도 시야를 넓히고 상상력을 키우는 여행과 탐험은 얼마든지 가능하다.

학생들은 자신의 적성을 발견하기 위해 다양한 학문을 자유롭게 접할 수 있어야 한다. 이에 대해 16세기 체코 교육자 요한 아모스 코메니우스Johann Amos Comenius 는 이렇게 말했다.

- 장인은 도제에게 이론부터 철저히 가르치지 않는다. 현장에 바로 투입하여 직접 쇠를 단조하고, 조각하고, 그림을 그리고, 곡예를 하면서 필요한 기능을 익히게 한다. 학교가 효과적인 교육의 현장이 되기 위해서는 학생들에게 직접 글을 쓰게 하고, 발표를 시키고, 노래를 부르게 하고, 추론하게 해야 한다.

그는 이 원칙이 언어 학습에도 적용된다고 강조했다. 학생의 외국어, 특히 영어가 빨리 늘지 않는다고 속을 태우는 부모와 교사가 명심해야 할 조언이다.

훌륭한 교사나 대학 교수라면 학생들이 이론보다는 생생한 이야기를 훨씬 쉽게 기억한다는 사실을 안다. 그러므로 사례가 법칙에 우선해야 한다. 과학의 발전 과정을 살펴보면 이를 잘 알 수 있다. 뉴턴도 중력의 법칙을 정리하기 전에 사과가 떨어지는 모습을 먼저 관찰했다. 학생이 지식을 쌓아가는 과정도 크게 다르지 않다. 지식 습득의 핵심은 자발적이고 실용적인 연습이다. 코메니우스는 아이들의 흥미를 끄는 활동을 특히 강조한다.

- 항상 재미있고 유용한 배울 거리를 제시하라. 그리하면 학생은 마음의 준비를 갖추고, 집중력을 늦추지 않을 것이다.

안타깝게도 한국에서는 이렇게 당연한 상식이 통하지 않는다. 레네는 한국 학교에서 이를 몸소 경험했다. '한국 학교를 다닐 때 나는 기술 가정을 교과서에서만 배웠다. 엔진이 돌아가는 원리가 무엇인지, 어떻게 얼룩을 제거하는지를 도표와 그림만으로 배웠다. 선생님들이 아무리 수업을 재미있게 진행하려 노력해도, 셔츠에 묻은 핏자국을 제거할 때 찬물로 씻어야 한다는 사실 말고는 별로 기억나는 내용이 없다. 러시아에서 초등학교를 다닐 때는 치마와 앞치마를 손수 바느질했고 요리 시간에는 팬케이크, 샐러드, 수프를 직접 만들었다(완성된 음식을 함께 먹는 시간이 특히 행복했다!). 그야말로 실습을 통한 학습이었다.' 핀란드의 학습 방식도 이와 같다. 핀란드가 기술과 디자인을 선도하는 이유는 그 때문이다. 수공예 수업은 중학교 2학년까지는 필수 과목이었다가 그 이후에는 선택 과목이 된다. 어린 나이에는 이렇게 창의력을 길러주는 수업이 필요하다. 다만 성장할수록 비판적 사고와 문제해결능력을 기르는 쪽에 비중을 두어야 한다.

부산에 온 미국 고등학생

"학생들이 교실로 들어오더니 에릭의 책상 주위에 몰려들었다. 30명이 넘는 학생이 북적대는 전형적인 한국 교실이었지만 에릭에게는 꽤 크게 느껴졌다.

“말 타본 적 있어?”, “브래드 피트 만나봤니?”, “너희 집에 농장 있어?”, “다른 사람에게 총 쏘아본 적 있니?” 등등의 질문을 아이들은 쏟아냈다.

에릭은 한국인이 ‘아시아의 이탈리아인’이라는 말이 기억났다. 일본인이나 중국인보다 감정적이고 수다스럽다고 한다. 에릭은 호기심 많은 아이들이 마음에 들었다. 에릭 역시 늘 잡담하기를 좋아했으니까.

말을 타본 적이 있다고 에릭이 대답했다. 하지만 연예인은 별로 만나지 못했고, 집엔 농장이 없고, 누군가를 쏴본 적도 없다고 말했다.

선생님이 교실에 들어와 학생들 앞에 섰다. 보통 한국 여자들보다 키가 크고 안경을 쓰고 있었다. 한 손에는 가느다란 마이크를 들고, 다른 손에는 끝에 개구리가 붙어 있는 막대기를 쥐고 있었다. 기념품 가게에서 파는 등긁이 같았다. 에릭은 하던 말을 멈추고 의자에 똑바로 앉았다. 개구리 때문에 왠지 웃음이 터져 나올 것 같았다.

이상하게도 아무도 반응이 없었다. 선생님이 앞에 서서 기다리는데도 아이들은 계속 떠들기만 했다. 보고 있기가 민망할 지경이었다. 선생님이 개구리 지휘봉으로 책상을 탁탁 치며 주의를 주고 나서야 느릿느릿 자리에 앉았다. 선생님이 강의하는데 몇몇 아이들이 뒤에서 선생님 흉을 보기도 했다. 에릭은 무척 놀랐다. 미국에서 이보다 더 무례한 행동도 본 적이 있지만 왠지 한국 아이들은 훨씬 예의가 바를 것 같았기 때문이다.

몇 분 뒤에 우연히 교실 뒤쪽을 돌아본 에릭은 눈이 휘둥그레졌다. 학생의 3분의 1이 자고 있었던 것이다! 꾸벅꾸벅 조는 정도가 아니라 책상에 아예 고개를 처박고 있었다. 미안한 기색은 전혀 없었다. 심지어 여학생 하나는 팔에 걸친 베개에 얼굴을 파묻고 있었다. 작정하고 낮잠을 자는 게 분명했다.

어쩌면 이럴 수가 있을까? 에릭은 한국 학생들이 워낙 성실하여 수학, 읽기, 과학 분야에서 미국 학생보다 훨씬 우수하다는 기사만 접해왔다. 수업 시간 내내 대놓고 잠만 잔다는 말은 들어본 적도 없었다. 급우들 때문에 괜히 무안해진 에릭은 자세를 더욱 꼿꼿이 세운 채 다음에 무슨 일이 일어날지 기다렸다. 선생님은 아무런 동요 없이 꿋꿋하게 수업을 계속했다.

수업이 끝나자 자던 아이들이 부스스 깨어났다. 그들은 10분의 쉬는 시간 동안 1분 1초가 아깝다는 듯 법석을 떨기 시작했다. 여자아이들은 책상이나 쓰레기통에 걸터앉아 수다를 떨거나 휴대폰으로 문자메시지를 보냈다. 남학생 몇 명은 연필로 책상을 두드려댔다. 놀랍게도 하나같이 자기 집 거실에 있는 듯 자유분방하게 행동했다.

다음 수업은 과학이었다. 또다시 학생의 3분의 1이 잠에 빠졌다. 정말 가관이었다. 한국 학생들은 수업 시간에 저렇게 잠만 자면서 어떻게 뛰어난 성적을 얻는 것일까?

그날 저녁 결연가정에 돌아온 에릭은 잠자리에 누워 한 남학생에게 들은 말을 떠올렸다. 한국 아이들은 날마다 학교에 두 번씩 간다고. 에릭은 한국 PISA 점수에 숨겨진 암울한 비밀을 알 것 같았다. 한국 아이들은 공부를 열심히 하는 정도가 아니라 아예 공부만 한다. 학교에서 수학 수업을 받고 학원에서도 수학 수업을 받는다. 어이없을 만큼 비효율적인 시스템이었다. 한국에서는 절대 수업이 끝나지 않는다.

아만다 리플리Amanda Ripley
(『무엇이 이 나라 학생들을 똑똑하게 만드는가
The Smartest Kids in the World』 중에서)

핀란드의 과학 수업도 실험을 통해 지식을 습득하는 체험학습 위주로 진행된다. 앞서 인터뷰했던 중학교 과학 교사 랄프 바덴스트럼은 이에 대해 이렇게 설명했다.

- 교사가 시범을 보이기도 하고 학생들에게 직접 실험을 시키기도 합니다. 예를 들어 물리 시간에는 학생을 5명씩 한 조로 나누어 전구로 전류를 확인하는 실험을 하죠. 실험을 설계하고 가설을 세우는 학술적인 의미의 실험이 아닙니다. 그보다는 실용적인 지식 습득에 초점을 맞춥니다. 화학 실험에서는 엉뚱한 결과가 나오거나 플라스크가 넘치는 등 흥미진진한 사건이 특

히 많이 벌어져요. 저는 돌아다니면서 아이들이 어떻게 하나 살펴봅니다. 조별로 실험을 하다 보니 친구들이 하는 걸 구경만 하는 아이들도 있어요. 그래도 학생들은 대체로 실험, 특히 화학 실험을 무척 좋아합니다. 노트 필기, 보고서 제출 등 후속 조치는 귀찮게 여기지만요. 핀란드 교사들은 수업 방식을 자유롭게 정할 수 있는데, 제 경험상 보고서를 너무 많이 쓰게 하는 건 좋지 않더라고요.

레네는 쿨로사리 중등학교 8학년 물리 시간에 그의 말을 바로 확인할 수 있었다. 토머스 램버트Thomas Lambert 선생님은 체구가 큰 영국인이었는데, 학생들에게 배터리, 전압계, 꼬마전구를 나눠주더니 배터리의 전류를 측정하게 했다. 간단한 전류와 저항 실험이었다. 토머스는 아이들이 한 달째 전기에 대해서만 배우고 있다고 했다.

• 모든 학생에게 전기만큼은 확실히 이해시킬 생각입니다.

선생님은 편안한 분위기에서 학생들에게 간단한 설명을 했다. 학생들이 직접 실험을 하면서 전류와 전기, 도체의 개념을 배우는 여덟 번째 시간이었다. 교사는 교실 앞쪽에서 실험 도구를 가져가라고 지시했다. 학생들은 어떻게 해야 할지 정확히 알고 있었다. 소그룹으로 나뉘어 교사가 칠판에 적어 놓은 대로 실험을 시작했다. 톰이 말했다.

• 수업은 재미있어야 한다는 게 저의 교육 철학입니다. 학생들이

고등학교에 가서도 계속 물리 수업을 즐길 수 있다면 교사로서 성공한 것이라 생각해요. 눈으로 직접 확인할 수 있는 지식을 가르치고 싶어요. 그래야 오래 기억에 남을 테니까요.

쿨로사리 학교의 공개 수업일에 몇몇 교실에서는 기술 수업을 하고 있었다. 교실 문이 닫혀 있어 창문으로 들여다보니 보호 장비와 마스크를 착용한 남학생들이 눈에 들어왔다. 용접을 하는지 교실 여기저기서 불꽃이 튀었다. 참관인인 레네 일행이 안을 들여다보자 한 소년이 하던 작업을 멈추고 손사래를 쳤다. 마스크를 쓰지 않고 불꽃을 보면 눈이 상할 수 있다고 남학생 한 명이 밖으로 나와 말했다. 어린 중학생들이었지만 도구를 성인처럼 능숙하게 다루고 있었다.

다른 교실에서는 여학생 여러 명과 남학생 한 명이 접이식 나무 의자를 만드는 작업에 열중하고 있었다. 의자 몇 개는 이미 완성되어 구석에 쌓여 있었다. 라디오에서는 리한나의 노래가 흘러나왔고, 쾌활한 인상의 선생님이 여기저기 돌아다니며 학생들에게 도움을 주고 있었다. 선생님이 유쾌한 말투로 "어서 학생들 사진을 찍으세요. 핀란드 여성들이 목공 일도 잘 한다는 걸 전 세계에 널리 알려주세요!"라고 말했다. 방문단 가장 가까이 있던 여학생은 의자에 망치질을 하면서 수줍은 듯 뿌듯한 미소를 지었다.

키르코누미 학교의 시험 기간이 다가오고 과제 제출 기한도 임박해져 다들 긴장하고 있는 분위기였다. 고등학교 2학년인 한 여학생은 보건 수업 과제로 자료집을 만들고 있다고 했다. 두툼한 바인더에는 약물과 알코올 문제, 섭식장애 등 건강 문제에 관한 정보가 차곡차

곡 정리되어 있었다. 그녀는 레네에게 보건 수업 강의 계획안도 보여주었다. 모든 학생은 몇 주에 걸쳐 자신만의 포트폴리오를 만들어야 한다. 그녀는 총 26페이지 분량을 정리했다. 테이블 건너편에 앉아 있던 키 큰 남학생이 끼어들었다.

- 학기 초에 학생마다 다른 주제를 할당받아 수업 시간에 각자 작업을 해요. 학교에서 다 못하면 집에서 해도 되고요. 주어진 시간에 컴퓨터나 휴대폰을 갖고 노닥거리다가는 저처럼 학기 말에 감당하기 힘들어져요. 목요일이 마감인데 저는 아직 과제 12가지 중에서 7가지나 남았어요. 발등에 불이 떨어졌죠.

핀란드인은 비판적인 성향을 지니고 있어 현상유지에 좀처럼 만족하지 못한다. 두 아이의 엄마인 심리학자 베니나 야콥슨Benina Jakobson은 교육에 과학기술을 도입하면 학생의 독립성과 학습 자율성을 높일 수 있다고 생각한다.

- 한국은 최근 PISA 성적이 꽤 우수했죠? 핀란드는 크게 추락했는데, 여기서는 그 결과에 대해 깊이 반성하는 분위기예요. 아이들을 너무 풀어주는 게 아니냐는 목소리도 있고 우리가 IT와 첨단기술을 충분히 활용하지 않는다는 의견도 있어요. 기술을 사용하면 학생들의 자발적인 학습을 유도할 수 있는데, 여전히 가르치는 데만 치중한다는 얘기죠. 가만히 앉아서 수동적으로 배우는 것보다는 스스로 지식을 만들어내는 게 더 바람직하잖아요.

학생들의 자기주도 학습으로 유명한 나라치고는 의외의 평가였다.

그러나 이 문제를 대하는 핀란드 교육자들의 견해가 일치하는 것은 아니다. 은퇴한 교사 힐카는 초등학교 수업에 최신 기술을 꼭 도입할 필요는 없다고 본다.

- 기술 때문에 오히려 시간을 빼앗긴다는 생각도 들어요. 초등학생에게는 산수, 읽기, 쓰기를 확실히 익히게 하는 게 우선이니까요. 물론 기술에 긍정적인 측면도 있지만요.

힐카는 글쓰기를 어려워하는 학생들에게 컴퓨터를 활용하여 도움을 주었다는 이야기를 했다.

- 그러나 기술이 유용할 때도 있어요.

일부 학교는 비용 문제로 고심하고 있다고 한다. 헬싱키 인근의 학교는 정보통신기술 보급률이 높지만 지방에서는 정보화 추세를 따라잡기 어렵다. 그러면 기술 이용에 불평등이 생길 가능성도 있을 것이다.

교실 속 정보통신기술

게스테르비와 키르코누미 학교를 참관할 때 나는 초등학교까지 첨단기술 설비가 잘 갖춰져 있다는 사실에 크게 감탄했다. 교실마다 디지털 칠판이 설치되어, 교사는 프로젝터에서 영사된 화면 위에 디지털 포인터나 펜으로 글을 썼다. 몇몇 교실에는 필요한 때를 대비해 교실 반대편에 게시판이나 일반 칠판을 걸어두었다.

키르코누미의 한 교실에서는 학생들이 스크린에 직접 글씨를 쓰며 빈칸을 채워 핀란드어 문장을 완성하고 있었다. 그중에는 핀란드어가 서툰 라트비아나 리투아니아 이민가정 학생도 있었다. 학생이 쓴 글은 화면에 빨간색으로 나타났다. 틀린 답을 쓰면 교사가 답을 지우고 정답으로 고쳐주었다. 나머지 아이들은 친구가 쓰는 답을 지켜보았다. 교사는 주로 교실 한 귀퉁이에 서 있다가 학생이 답을 확실히 모를 때만 몇 마디씩 거들었다.

게스테르비 초등학교에서는 핀란드어 수업 시간에 남학생과 여학생으로 편을 나눠 스크린 게임을 하는 광경을 보았다. 화면에는 두 개의 골대가 떠 있고 남학생과 여학생이 번갈아 화면에 뜨는 단어가 동사인지 아닌지 대답했다. 옳은 답을 말하면 조그만 공이 골대 가까이 다가갔다. 공이 골대에 먼저 도착하는 팀이 승리하는 게임이었다. 학생들은 디지털 펜을 다음 사람에게 재빨리 넘기며 게임을 신속하게 진행했다. 선생님은 옆에서 그 모습을 지켜보고 있었는데 아이들만큼이나 게임에 몰입한 것 같았다. 결국 여학생 팀이 승리하자 여자 아이들은 모두 환호성을 질렀다.

한 교실에서는 선생님이 스크린에 뜬 디지털 책을 읽고 있었다. 하지만 복도 건너 저학년 반 선생님은 아이들에게 디지털 기기보다 구식 종이책이 낫다고 판단한 모양이었다. 아이들과 선생님이 모두 바닥에 둘러 앉아, 선생님이 큰 소리로 책을 읽으면 아이들은 각자 책을 보며 따라 읽었다. 역시 선생님이 학생에게 가장 적합하다고 생각하는 교육 방식을 선택하는 것 같았다.

컴퓨터 프로그램이 교과목 학습에만 사용되는 것은 아니었다. 다른 학교에서 나는 학생들이 학교 폭력에 관한 화려한 그래픽의 쌍방향 프로그램을 사용하는 모습을 보았다. 교장 선생님은 그 아이들이 나쁜 행동을 해서 벌을 받고 있다고 했다. 하지만 아이들은 고통을 받는 것이 아니라 정교하게 제작된 교육 컴퓨터 프로그램을 갖고 노는 것처럼 보였다.

교실 안의 학생과 교사만 첨단 기술의 혜택을 누리는 것은 아니었다. 핀란드에서 가장 널리 사용되는 학교 행정 소프트웨어는 스타소프트StarSoft라는 회사에서 개발되었는데, 다른 나라에도 수출되고 있다. 프리머스Primus는 학교 내의 교사, 학생, 교육 과정, 성적 등의 정보를 관리하는 데이터베이스 프로그램이다. 일정관리용 프로그램 쿠레Kurre도 있다. 월마Wilma는 이 모든 프로그램을 지원하는 웹플랫폼으로, 대부분의 학교에서 사용하고 있다. 이러한 도구 덕분에 핀란드에서는 부모, 교사, 학생 사이의 의사소통과 정보 교환이 매우 활발하다.

월마는 사용하기 쉽고 인지도가 높아서 성인 야간학교, 경찰학교, 국립교육위원회 등 다수의 교육기관에 도입되었다. 월마는 학교나 교육 기관 사이에 스케줄과 수업 정보 등을 공유하는 데 사용된다. 또 교사, 학부모, 학생이 학생 관련 정보를 입력하고 온라인에서 소통하는 수단으로도 활용된다. 과거에 전단지나 알림게시판, 이메일로 전달되던 정보가 모두 하나의 시스템 안에 통합된 셈이다.

교사, 부모, 학생에게는 모두 개인 계정이 부여된다. 각자 전화와 이메일 계정으로 공지사항이나 메시지를 받는다. 학생들은 수업 요구사항, 일정, 성적, 설문지 등을 확인할 수 있고 메시지 기능도 사용할 수 있다. 교사는 집에서 편안하게 학생들의 점수와 평가를 입력할 수 있고, 부모에게 자녀의 태도에 대해 의견을 전달할 수도 있다. 직원 정보와 공지사항을 확인하고 동료 교사들과 연락할 수도 있다.

부모와 교사 사이의 연락 수단도 된다. 자녀가 18세 생일을 맞이하기 전까지 부모는 자신의 계정에서 아이의 계정을 확인할 수 있다. 급한 일이 생기면 아무래도 선생님에게 직접 전화로 연락하겠지만 대부분의 의사소통은 온라인상에서 이루어진다. 부모들끼리도 서로 연락이 가능해서 교사와 학부모의 시간과 에너지를 효과적으로 절약해준다.

유럽과 미국 교육 포럼은 한국이 세계의 IT 중심지이기 때문에 교실에서도 다양한 기술이 적용될 거라 생각하지만, 사실은 그렇지 않다. 한국 교실에서 기술이라고는 여전히 오버헤드 프로젝터OHP와 빽빽한 교실에서 교사의 목소리를 키워주는 소형 마이크가 전부다. 개인적으로 학교에 가져오는 아이패드나 스마트폰 말고는 학생들이 일상적으로 사용할 만한 기술이 많지 않다. 이런 기기는 인터넷에 무제한 접속이 가능하기 때문에 학습에 도움이 되는 만큼 집중을 방해하는 원인도 된다. 2013년 프랑크푸르트 도서전시회에서 나는 교육용 컴퓨터 장비를 제작하는 한국 업체 몇 곳을 만났다. 하지만 그들의 제품은 주로 외국 수출을 목적으로 개발되었다고 하니 국내의 교육 환경 개선에 사용되었는지는 알 수 없다.

한국에서는 양극단의 사례를 모두 찾아볼 수 있다. 대부분의 학교가 기술 도입에 소극적인데 반해 몇몇 학교는 첨단기술을 적극 활용하고 있다. '세종시 첫마을 스마트스쿨 구축사업'이 대표적이다. 교실부터 카페테리아까지 스마트 기술을 모두 적용해 고도의 디지털 학교 환경을 조성했다. 학생들은 태블릿으로 칠판을 대신하는 대형 평면 모니터에 접속한다. 선생님이 질문하면 학생의 대답이 화면에 곧바로 나타나므로 소심한 학생도 수업에 적극 참여시킬 수 있다. 스크린에 표시되거나 교사가 말하는 내용이 모두 저장되어 복습도 훨씬 쉬워진다.

학교 곳곳에는 미디어보드가 설치되었다. 하단에 ID 스캐너가 장착된 터치스크린 단말기로 시간표, 클럽활동이나 방과 후 활동, 메시지, 요리별 열량이 표시된 점심 메뉴를 검색할 수 있다. 학교 웹사이트에 접속하면 집에서도 모든 서비스를 이용할 수 있다. 핀란드의 윌마 시스템처럼 학교와 부모 사이의 연락 수단으로도 사용된다.

학교는 자동화된 CCTV 감시 시스템을 적용해 '스마트하고, 즐겁고, 안전한' 학교 환경을 만들었다. 부모는 아이가 학교에 도착하는 즉시 SMS로 통보를 받는다. 아이들은 학생증으로 매 수업마다 출석을 체크한다. 부모의 걱정과 교사의 학생 관리 부담을 덜어주지만 '빅 브라더가 너를 지켜보고 있다' 식의 섬뜩한 느낌도 준다. 그 광대한 규모와 정교함으로 볼 때 핀란드에서 사용하는 단순한 소프트웨어와는 차원이 다르다. 한국 정부는 2015년까지 모든 교실에 스마트 기술을 도입하겠다는 의지를 밝혔다. 이 계획의 실현가능성에 대해서는 의견이 분분하다. 주로 삼성 제품을 활용하려면 소요비용이 만만찮을 거라는 우려도 있다. 일부 학교는 몇몇 교실에만 시범적으로 적용하는 방안을 검토 중이다.

학교 교육의 방향성

아이들에게는 시간이 필요하다. 자기만의 속도를 따를 수 있게 배려해야 한다. 연장자의 지혜와 가르침을 무시하거나 기존 교육 제도를 이탈하도록 내버려두어야 한다는 말은 아니다. 아이들의 도전에 인내심을 갖고 어려운 결정에 조언을 해주어야 한다는 뜻이다. 그렇게 하면 아이들이 신중하게 진로를 선택하는 데 큰 도움이 될 것이다. 부모, 교사, 상담자는 학생들을 재촉하여 나중에 후회할지도 모를 미성숙하고 잘못된 결정을 내리게 만들어서는 안 된다. 하지만 세계적인 교육 표준화 경향으로 많은 나라에서 이런 잘못을 저지르고 있는 것이 현실이다.

핀란드 어린이는 한겨울에도 장시간 밖에서 뛰어논다. 학교 사정에 따라 점심 시간은 20~75분으로 다양하지만, 모든 학교에서 따뜻한 세 코스짜리 점심을 제공한다. 아이들이 일찍 등교하고 일과가 그리 길지 않아 초등학교 점심 시간은 매우 이른 편이다. 일부 유치원에서는 11시 30분에 점심을 먹는다.

교과 수업에서도 절대 서두르지 않고 학습 부담과 책임을 서서히 늘려간다. 1학년 학생은 핀란드어, 산수, 과학은 물론 음악, 미술, 체육, 종교, 섬유공예 수업도 받는다. 영어는 3학년, 스웨덴어는 4학년 때 시작한다. 5학년부터는 생물, 지리, 역사, 물리, 화학 수업도 추가된다. 6학년이 되어서야 아이들은 선생님이 동의하는 경우에 한해 지역 시험에 참가한다. 대부분 호기심에서 시험을 치르지만 결과는 공개되지 않는다.

학교 교육의 목표 중 하나는 문화정체성을 확립하는 것이다. 다른 나라도 마찬가지겠지만 핀란드 교사들은 자국의 문화를 다음 세대로 전달하는 역할을 충실히 수행하며, 젊은 학생들이 글로벌 시민이자 참된 핀란드인으로 성장하도록 이끌어준다. 과거에는 교회에서 혼인을 정식으로 인정받으려면 남녀 모두 읽고 쓰는 능력을 갖춰야 했다. 하지만 요즘 핀란드인은 결혼에 별로 관심이 없고 상당수가 동거를 택하고 있으며, 교회의 도덕관에 얽매이는 사람은 더욱 줄었다. 대부분의 북유럽 국가가 그러하듯 세속주의가 생활 전반을 지배하고 있다. 그러나 교육은 과거와 다름없이 성인이 되는 과정의 일부이며 교사는 여전히 사회적으로 존경받는다. 사실 핀란드의 학교가 언제나 부러움의 대상은 아니었다. 1960년대 후반만 해도 아이들은 6년간의 공교육이 끝나면 대부분 학교를 떠났다. 나머지는 체계가 제대로 갖춰지지 않은 사립학교나 마을 학당을 다녔고 소수의 특권층만이 양질의 교육을 받았다.

1970년대에 공립학교는 7~16세 학생이 다니는 종합학교인 페루스코울루peruskoulu로 정리되었다. 초등학교와 중등학교가 통합되면서 13세에 학교를 바꾸지 않아도 되어 학교를 떠날 때 느끼는 상실감도 피할 수 있다. 종합학교가 만들어지면서 10~12학년 학생을 위한 고등학교도 생겼다. 고등학교 최고학년 말에 치르는 대학입학자격시험 이외에 정부에서 규정한 표준화된 시험은 없다. 학생, 학교, 지역 간에 등수를 매기거나 서로 비교하거나 경쟁하는 일도 없다. 원칙상 모든 학교의 목표는 동일하며, 교사도 하나의 후보자 풀에서 배정한다. 공립학교는 학생의 학업 성적으로 입학을 제한하지 않는다.

공부 잘하는 학생, 못하는 학생 가리지 않고 같은 교실에서 교육을 받는다. 결국 핀란드는 OECD의 조사 결과, 세계에서 우등생과 열등생의 성적 격차가 가장 적은 나라로 평가받았다. 국민들은 핀란드의 핵심적인 가치인 평등이 교육에도 반영되어야 한다고 믿는다.

– 레네의 교육 탐방 일지

5

무시험과 좁은 문
– 수능과 대학입학자격시험

"진정한 승자는 경쟁하지 않는다."

–사물리 파로넨Samuli Paronen, 핀란드 작가

핀란드 교육을 찬양하는 사람들은 핀란드 학교의 '무시험'을 가장 큰 장점으로 내세운다. 그러나 핀란드에 시험이 없다고 단정 짓기는 어렵다. 교사는 필요할 때마다 직접 문제를 만들어 학생을 평가한다. 다만 학기말에 받는 성적표에는 선생님이 개별적으로 실시한 시험 성적은 표시되지 않는다. 교육부는 정기적으로 여러 학교에서 표본 집단을 추출해 전국 학생의 학업성취도를 추정한다. 핀란드의 고등학생들은 학급별로 정기적인 테스트를 받으며, 6주간의 짧은 학기가 끝날 무렵에는 기말 시험을 치른다. 다른 나라와 가장 큰 차이는 정부가 주도하는 표준화된 시험은 없고 교사나 지방 학교 연합체가 만든 퀴즈나 시험을 교사의 재량껏 실시한다는 점이다.

이 원칙에 대한 가장 큰 예외는 중등학교 마지막 학년에 치르는 부담이 큰 평가로 대학입학자격시험과 대학별 입학시험이다. 학생들은 이 두 가지 시험을 오랜 시간 준비한다.

핀란드의 모든 고등학생은 졸업 전에 대학입학자격시험을 치러야 한다. 한국의 악명 높은 수능처럼 이 시험으로 졸업생들이 갈 수 있는 대학이 결정된다. 160년 이상의 전통을 가진 이 시험은 핀란드의 교육제도에 뿌리 깊이 자리 잡았다. 한 선생님은 이렇게 말했다.

- 핀란드 학생들도 엄청난 시험 부담을 느낍니다. 일본이나 한국만큼은 아니겠지만요.

이 시험은 절대 만만하지 않다. 3주에 걸쳐 총 50시간 동안 시행된다. 부정행위를 막기 위해 학생이 화장실에 갈 때도 교사가 따라 나선다. 핀란드어 시험은 이틀 동안 실시된다. 첫째 날에는 6시간에 걸쳐 몇 가지 예문을 읽고 각각을 분석하여 짧은 에세이를 쓴다. 둘째 날에는 14가지 주제 중 하나를 골라 6시간 동안 장문의 에세이 한 편을 쓴다. 최근 시험에는 '중동의 평화를 이룩하는 것은 왜 어려운가?', '나는 블로그한다, 고로 존재한다' 같은 주제가 등장했다. 고등학교 졸업 시험을 유지하는 데 찬성하는 사람들은 이런 시험이 있는 나라의 청소년이 그렇지 않은 나라의 학생들에 비해 PISA 점수가 평균 16점 높다는 점을 내세운다. 그러나 조사에 따르면 핀란드 학생들은 학교가 싫은 이유로 큰 시험이 많다는 점을 든다.

결국 따지고 보면 핀란드의 대학입학자격시험은 중요성과 비중에서 한국의 수능과 크게 다르지 않다. 오랜 시간을 공부한 학생들에게 시험은 학창 시절을 마무리하는 수단이며 대학입학이라는 다음 단계로 나아가기 위해 반드시 거쳐야 할 과정이다. 한국처럼 핀란드에도 표준화된 국가시험에서 다루는 주요 과목이 있다. 가엾은 한국 학생들처럼 시험 걱정만 하며 고등학교 시절을 보내지는 않지만, 그들 역시 고등학교 3학년이 되면 배운 내용을 복습하고, 모의고사를 보고, 오랜 시간 자습을 하는 등 시험 준비에 주력한다. 한국과의 차이점은 모든 시험 문제가 지식을 실제 상황에 적용하는 능력과 비판적 분석능력을 평가하는 논술 문제라는 점이다. 예를 들어 윤리 시험이라면 시사 현안에 대한 풍부한 지식을 갖춰야 한다. 한 해에 시험이 두 번이라 여러 과목을 세 차례에 걸쳐 연속으로 응시할 수도 있고 재시험을 치를 수 있다는 점이 한국과 크게 다르다.

키르코누미 고등학교의 영어 교사는 이렇게 말했다.

- 얼마 후면 6일간의 시험 기간이 시작돼요. 영어시험은 3시간, 나머지 과목은 2시간씩이에요. 대학입학자격시험은 과목당 4시간이니까 학교시험을 보면서 거기에 대비할 수 있어요. 대학입학자격시험에서 학생들은 최소 네 과목을 치러야 하지만 원한다면 그 이상도 가능해요.

평균적으로는 5과목을 선택하지만 총 시험 기간인 40시간 동안 10과목까지 보는 학생도 있다. 학생들이 대학입학자격시험을 준비하는 기간에는 교사들도 시험을 철저히 준비시켜야 한다는 부담을 느낀다. 하지만 그 방법은 교사마다 다르다.

- 교사는 학생에게 대학입학자격시험을 재량껏 준비시킬 수 있습니다. 모의시험을 직접 만들기도 하고요. 물론 정해진 지침은 있지만 굉장히 두루뭉술하죠.

핀란드 학생은 한국에 없는 대학별 입학시험도 치러야 한다. 대학에서 선택하려는 전공에 따라 시험 과목도 달라진다. 시험 시간은 과목당 5시간에 달한다. 매년 과목마다 몇 권의 책이 시험 준비 자료로 지정된다. 책은 대체로 매우 두꺼워서 과목에 따라 총 1천5백 페이지에 이르기도 한다. 몇 달의 준비 기간이 주어지지만 책이 매년 바뀐다는 점이 문제다. 그래서 고등학교를 한 해 먼저 졸업한 학생이라고 시험 준비를 일찍부터 시작할 수 있는 것은 아니다. 몇 년 뒤에 같은 책이 다시 쓰이기도 하지만 다음 해에 어떤 책이 지정될지 예측하기는 어렵다. 의학 등 일부 응용과학에서만 같은 책이 10년 연속으로 채택되었다.

화학처럼 수요가 많지 않은 전공은 대학별 입학시험에 통과할 필요가 없다. 레네의 친구는 경쟁률이 낮은 해양생물학과를 지원하여 쉽게 들어갈 수 있었다. 인기가 많은 전공일수록 경쟁이 치열하다. 핀란드에서는 교육비가 무료라 대학에서 최고의 학생을 선발하기 위해 이런 방법을 고안한 것이다. 학창 시절 내내 뛰어난 성적을 받아야 한다는 압박을 느끼는 것은 아니지만 대학별입학시험에서는 사정이 달라진다. 원하는 대학에 한 차례 도전했다가 실패하는 학생은 드

묻지 않다. 입학시험은 고등학교 때 받은 교육과는 딴판으로, 개인의 의견을 표현하는 시험이 아니다. 역시 논술 위주지만, 옳은 답을 쓰는 데 초점을 맞추기 때문이다.

대학에 바로 들어가기가 어렵기 때문에 핀란드 학생은 다른 나라에 비해 대학생활을 시작하는 시기도 늦다. 석사 과정이 학사 과정과 통합된 경우가 많아서, 곧바로 석사 과정에 들어가는 학생도 적지 않다. 졸업하는 데도 시간이 오래 걸린다. 대부분 고등학교를 마친 직후 대학별 입학시험을 치르지만, 대학입학자격시험 준비에 이미 시간과 에너지를 소진한 터라 한 번에 성공하기가 어렵다. 그래서 1년에서 수년간 일을 하며 시험을 다시 치를 준비를 한다.

대학생의 나이가 많은 다른 이유는 공부를 하다가 마음을 바꾸는 학생이 흔해서다. 전공을 바꾸거나 학기 중 휴학을 결심하는 일이 잦다. 하지만 다양한 대안이 있기 때문에 문제가 되지는 않는다. 네덜란드나 독일 등의 유럽 국가에서도 이런 현상을 흔히 볼 수 있다. 더구나 학생들의 생활은 편하기 그지없다. 교육비가 거의 무료인데다 정부에서 여행 경비나 생활비까지 지원받는다. 그 때문에 7~10년이나 학생 신분을 유지하려는 사람들이 생겨나는 일이 생기자 결국 정부는 지원 기간을 제한하기로 했다. 교육 과정도 워낙 다양해서 공부를 언제 시작하고 끝낼지는 주로 학생에게 달려 있다. 중등학교만 해도 직업학교, 고등학교, 산업정보학교 등 종류가 무척 다양하기 때문에 핀란드 교육에는 정규 코스가 없다고 볼 수 있다.

284일간의 세계일주

고등학교 졸업 후 대학 입학 전에 1년간 학업을 쉬는 기간을 뜻하는 '갭이어gap years'는 1960년대에 시작되었다. 갭이어를 갖는 사람의 절반은 영국인이며, 호주, 뉴질랜드, 기타 유럽인이 나머지를 차지한다. 지금은 영국 대학에서 등록을 마친 학생이 1년간 쉬는 것을 당연하게 받아들일 만큼 갭이어가 흔해졌다. 대학은 오히려 이를 환영하는 것 같다. 갭이어를 경험한 학생은 적극적이고 생활력이 강하며 의사결정능력이 뛰어나다고 한다. 또한 대학 중퇴율이 낮고 글로벌 마인드도 갖추고 있다는 것이 이 프로그램을 지지하는 사람들의 주장이다. 갭이어는 특수한 직업의 세계를 체험할 수 있고, 이력서에 기재할 거리도 생기며, 미래를 위해 소중한 경험을 할 수 있는 기회다. 나 역시 갭이어를 활용해 9개월 이상 세계를 여행했다. 나의 시야를 넓혀준 유익한 경험이었다고 생각한다.

갭이어 기간에 나는 집을 떠나 모험을 시작했다. 나의 세계일주 항공권에는 다음과 같은 여정이 표시되어 있다.

2007/8/9 한국 서울-중국 홍콩 경유-독일 프랑크푸르트: 3주간 체류. 친한 친구를 만난다.

2007/8/29 독일 프랑크푸르트-핀란드 헬싱키 경유-러시아 상트페테르부르크: 두 달 간 체류. 러시아 아이들을 돌보며 영어와 한국어를 가르친다. 이 도시의 궁전과 박물관의 아름다움에

흠뻑 취해본다. 러시아 수프와 아이스크림을 먹는다. 러시아 만화영화를 본다. 내 머릿속에 잠자고 있는 러시아어를 깨우고, 어릴 때 8년간 살았던 나라가 어떻게 변했는지 살펴본다.

2007/11/9 러시아 상트페테르부르크–핀란드 헬싱키 경유–영국 런던: 8일간 체류. 앞으로 다니게 될 후보 대학들을 둘러본다. 독일, 러시아의 패션과 영국 패션이 얼마나 비슷하고 다른지 직접 확인한다. 지하철에서 길을 헤맨다.

2007/11/16 영국 런던–이스라엘 텔아비브: 두 달간 체류. 천주평화연합Universal Peace Federation 활동에 참가한다. 유대교도, 그리스도교도, 이슬람교도를 직접 만나 깊이 이해하고, 중동의 평화를 위한 노력에 동참한다. 크리스마스에 예수의 탄생지를 방문한다. 중동 음식을 먹어본다. 히잡을 써본다.

2008/1/14 이스라엘 텔아비브–영국 런던 경유–잠비아 루사카: 2개월 이상 체류. 아프리카 어린이를 보살피고 인성교육 자원봉사를 한다. 이 여행의 주된 목적지인 아프리카에서 생활해본다. 화면에서만 보았던 아프리카 사람들을 직접 만나보고 그들과 우정을 나눈다. 다른 나라에 바라는 점이 무엇인지 그곳 사람들에게 직접 물어본다. 햇볕에 타지 않게 조심한다.

2008/3/19 잠비아 루사카–우간다 엔테베 경유–영국 런던 경유–미국 보스턴과 뉴욕: 9일간 체류. 내 친구 에밀리를 만난다. 에밀리와 함께 보스턴 사적지를 둘러보고, 에밀리의 대학을 구경한다. 미국 음식을 먹어본다. 그간의 힘든 일정에서 잠시 벗어나 휴식을 취한다. 버스 타고 뉴욕에 가서 중국 음식을 먹는

다. 관광객, 뉴요커와 한데 어울린다. 고층건물 사이로 석양을 감상한다.

2008/3/29 미국 뉴욕–일본 도쿄 경유–인도 뉴델리: 두 달 체류. 천주평화연합 활동에 참가한다. 신성하고 신비스런 인도의 영혼을 탐구한다. 사원을 방문한다. 향신료 향을 맡아보고 손으로 음식을 먹어본다. 코를 뚫는다(이건 농담).

2008/5/18 인도 뉴델리–중국 홍콩 경유–한국 서울: 그리운 집으로 돌아와 나의 스무 번째 생일을 축하한다.

– 레네의 교육 탐방 일지

네덜란드에서 레네와 같은 대학을 다닌 핀란드 친구 한 명은 언론학과에 두 차례 연속 지원했다. 그녀는 부모와 떨어져 살면서 일을 하다가 대학입학시험 교재가 발표되면 시험 준비를 시작하곤 했다. 그러는 사이 성인 교육대학에서 언론을 공부하고 헬싱키의 개방대학에서 1년간의 언론학 과정도 마쳤다. 그러다 24세에 가까운 나이에 비로소 네덜란드에서 학사 과정을 시작할 수 있었다. 이 친구는 여름방학 때마다 아르바이트로 돈을 버느라 제대로 쉰 적도 없다. 결국 27세의 나이로 레네보다 한 학기 늦은 2014년 겨울에 학교를 졸업했다. 핀란드로 돌아간 그녀는 전국 최대의 일간지 회사에 일자리를 얻는 한편 언론학 석사 과정도 시작했다. 남들보다 힘든 길이었지만 언론 분야의 전문가가 되겠다던 그녀의 소망과 열정은 마침내 결실을 맺었다.

PART 3

꿈꿀 수 있는 기회, 학생들의 이야기

Education in Finland

1

꿈의 연장
– 학생과 창의성

"꿈꿀 수 있다면 이룰 수 있다."
–월트 디즈니Walt Disney

1999년에 나온 영화 〈매트릭스Matrix〉 1편에서 주인공은 영적인 스승 '오라클'을 만난다. 오라클의 집 주방 입구에는 'temet nosce'라는 말이 새겨진 석판이 걸려 있다. 이 말은 그리스어 'gnoti se–auton', 즉 '너 자신을 알라'의 라틴어 버전이다. 소크라테스의 '의심하지 않는 삶은 살 가치도 없다'라는 명언에도 비슷한 생각이 담겨 있다. 서양의 교육은 자신의 본질과 처지에 대한 끊임없는 분석을 강조한다는 뜻이다.

영어 단어 'Education'은 '이끌어내다'라는 뜻의 라틴어 동사 'Educere'에서 나왔다. 이 단어만 봐도 서양의 교육에서 주체성을 얼마나 중시하는지 알 수 있다. 학생들은 타고난 능력과 재주를 개발해 자신의 한계를 넓혀야 한다. 따라서 학생들이 잠재력을 발견하여 실현할 수 있게 도와야만 훌륭한 교육 제도라 할 수 있다. 교육은 학생들에게 정해진 교육 과정을 따르게만 해서는 안 되고 스스로 자기발견과 자기개발을 할 수 있는 길을 열어주어야 한다.

학생과 교사의 성공

레네가 핀란드에서 만난 사람 중 한 명인 공과 대학 전임강사인 유카는 학생의 성공이 교사의 역할보다는 학생 본인의 노력에 달려 있다고 생각한다.

- 제가 한 일은 많지 않아요. 대부분 학생이 해낸 일이죠. 그러니 저한테 공을 돌릴 이유가 없어요. 잘된 학생이 있다면 그 학생이 잘해서 얻은 결과일 뿐이죠. 학생이 기꺼이 노력할 자세가 되어 있다면 저는 좋은 결과를 얻을 수 있게 도와줄 뿐이에요. 학생에게 영감을 주었을 때 저는 가장 보람을 느껴요. 제가 내준 과제를 하면서 과제 이상의 것을 배우고, 새로운 분야에 눈을 뜨고, 심지어 저개발국의 발전에 관심을 갖게 되는 모습을 볼 때가 가장 만족스러워요. 과제를 계기로 자원봉사 활동을 시작했다가 그 이후로도 계속 그 프로젝트에 관여하고 있는 학생들도 있어요. 학사 논문을 쓰다가 영감을 얻어 원래 계획한 범위 이상의 논문을 쓴 학생도 있고요. 심지어 그 학생에게는 너무 욕심을 부리지 말라고 충고해야 할 정도였어요.

학생의 내면에서 저절로 열정의 불길이 타올랐을 뿐 제 역할은 크지 않았어요. 그래도 역시 학생의 성공은 저의 성공이나 다름없죠.

- 학생에게 진정한 열정을 심어주었을 때 저는 교사로서 성공했다고 느껴요. 제 역할은 단지 지식을 전달하는 게 아니에요. 현대 사회에서는 지식을 쉽게 얻을 수 있으니까요. 원한다면 언제 어디서든 필요한 정보를 이용할 수 있잖아요. 책을 주문해서 찬찬히 읽어보기만 하면 양자물리학도 혼자 공부할 수 있어요. 하지만 배우는 과정 자체에서 스스로 영감을 얻기는 쉽지 않아요. 어떤 지식이 얼마나 흥미로운지, 얼마나 의미가 있는지, 학생의 삶과 어떤 관계가 있는지 등을 가르치는 게 저의 역할이에요. 그런 역할을 하면서 보람을 느끼기도 하고요.

- 이런 효과는 강의실보다 그룹활동에서 쉽게 얻을 수 있기 때문에 저는 그룹활동을 많이 유도하는 편이에요. 물론 강의에서 전혀 배울 수 없는 건 아니지만 아무래도 직접 체험하는 게 중요하니까요. 해마다 저를 거쳐가는 학생이 자그마치 200명이에요. 그 아이들 하나하나와 인간적으로 가까워지기는 쉽지 않죠. 하지만 제 수업을 듣고 나서 이렇게 말해주는 학생도 있어요. '선생님이 강의 시간에 하신 말씀이 아직 기억에 생생해요. 선생님 덕분에 무슨 일을 하든 내가 그 일을 왜 하는지, 달리 할 방법은 없는지 생각하게 되었어요'라고요. 저는 이런 말을

들을 때 성공했다는 생각이 들고 보람을 느껴요. 하지만 학생들이 아무 말 없이 열정적인 모습을 보여주기만 해도 제게 긍정적인 피드백을 해주는 거나 다름없어요.

모든 아이는 서로 다르기 때문에 공교육을 받는 아이들의 수요를 모두 충족하거나 개별화된 교육 프로그램을 제공하기는 불가능하다고 말하는 사람도 있다. 하지만 사람과 사람을 구분하는 차이는 별로 크지 않다. 특히 어린 나이에는 모두에게 적용할 수 있는 공통적인 영역이 충분히 많다. 다만 아이들이 성장하고 발달하면서 교육 내용과 교육 방법도 점차 달라져야 한다.

하워드 가드너Howard Gardner는 『마음의 틀Frames of Mind』이라는 저서에서 인간에게 8가지 지능이 있다고 주장했다. 기존의 지능지수와 적성검사는 한 사람의 지능과 타고난 성향, 직업에서 성공할 가능성을 제대로 측정하지 못한다고 한다. 가드너의 표현에 따르면 '최근까지도 지능은 타고난 상태 그대로 고정되고, 인간은 백지 상태로 태어나기 때문에 적절한 교육만 받으면 무엇이든 배울 수 있다는 믿음이 일반적이었다. 하지만 최근에는 그와 반대라고 믿는 사람이 늘고 있다. 세상에는 다양한 종류의 지능이 있고 각 지능 사이에는 특별한 관계가 없으며 지능마다 강점과 약점이 있다. 정신은 출생 시에 타고나는 상태로 머무르지 않는다. 또 한 사람이 지닌 선천적인 성향을 거스르는 것들을 가르치기는 의외로 어려울 수 있다.' 여덟 가지 지능 중 학교에서 높이 평가받는 지능은 단 두 가지에 불과하다. 세 가지는 주로 예술과 관계가 있고, 두 가지는 '인성지능'이다. 여덟 번째 지능은 가드너가 가장 마지막으로 발견하여 기존에 있던 일곱 가지 지능에서 추가한 것이다.

적절한 매개체를 찾아내는 것도 매우 중요하다. 학생들은 창의력을 한껏 발휘할 수 있는 분야를 찾아야 한다. 조각, 춤, 작곡, 코미디에서 재능을 찾을 수도 있고 첨단과학, 정치, 경제, 컴퓨터 기술, 스포츠에서 적성을 발견할 수도 있다. 안타깝게도 사람들은 미술이나 공연 예술의 영역에서만 창의력을 실현할 수 있다고 생각하는 경향이 있다. 그러나 스티븐 호킹Stephen Hawking이나 리오넬 메시Lionel Messi 같은 사람이 요요마YoYoMa나 스티븐 스필버그Stephen Spielberg보다 창의력이 떨어진다고 볼 수는 없다. 부모와 교사는 아이가 학창시절 동안 창의력을 펼칠 기회를 찾을 수 있게 잘 이끌어주어야 한다.

창의성은 최근 교육계의 유행어 중 하나다. 하지만 교사 자격증을 갖고 있다고 누구나 학생들에게 창의력을 길러줄 수 있는 것은 아니다. 학생의 고차원적 사고능력은 의미를 쉽게 파악하기 어려운 모호한 정보나 복잡한 상황을 만날 때 비로소 발휘된다. 모든 아이들이 처음부터 자발적인 문제해결능력과 창의적인 사고력을 타고나는 것은 아니다. 어떤 아이들은 이해와 인내심을 갖고 대해야 하며 교사의 충분한 관심과 지도를 받아야 한다. 그렇게 수준 높은 사고활동을 하기 위해 갖춰야 할 능력도 몇 가지가 있다.

창의적인 학생은 창의성 없는 교사에게는 골칫거리에 지나지 않겠지만, 우리의 미래를 이끌 핵심 역량이 될 것은 분명하다. 뛰어난 학생이 마음껏 재능을 펼치도록 뒷받침하는 현명하고 사려 깊은 교사는 자기도 모르는 사이 차세대 야후, 아이팟, 구글 개발자를 양성하고 있는 셈이다. 어떤 발달 단계에 해당하는 학생이든 진정한 창의력을 발휘할 수 있는 분야를 찾도록 도움을 받아야 한다. 모든 학생이 중학교나 고등학교 시절에 유레카의 순간을 경험하는 것은 아니다. 대학에 가서야 독특한 자기발견을 하는 사람도 있고 초등학교 때부터 이미 자신의 운명을 아는 사람도 있다. 하지만 일단 인생 전체를 아우르는 전망을 갖고 나면 학교생활은 크게 달라진다.

SKY? 사양하겠어요

나는 한국 학교를 다녀봤지만 처음부터 한국 대학에 진학할 생각은 없었다. 나는 한국 고등학교를 중퇴하고 집에서 혼자 미국 고등학교 과정을 공부해 졸업장을 땄다. 17세 때 아빠와 네덜란드를 방문한 적이 있는데 그때 만난 네덜란드 고모의 설득으로 앞으로 유럽에서 공부하겠다고 결심하게 됐다. 유럽은 개방적이고 국제적이면서도 풍부한 역사를 지닌 대륙이어서 내가 반드시 가야 할 곳 같았다. 하지만 네덜란드로 가기 전에 사정이 생겨, 결국 1년간 서울에 있는 연세대학교 국제학부를 다니게 되었다. 그곳의 교육 프로그램은 꽤 괜찮았다. 교수진도 훌륭했고 수업도 유익했으며, 친구도 많이 사귈 수 있었다. 하지만 역시 한국식 교육을 하는 곳이라 기대만큼 국제적이지는 않았다.

중고등학교를 거치면서 해외에서 성장한 한국인을 몇 명 만난 적이 있다. 외국인들과 어울리는 건 항상 피했는데, 그들처럼 한국 사회에서 겉돌고 싶지 않았기 때문이다. 하지만 한국 교포 친구는 많이 사귀어보았다. 그들은 한국 사회와 국제 사회의 중간지점에 속해 있었기 때문에 쉽게 친해질 수 있었다. 하지만 교포 중에도 좀처럼 어울리기 힘든 사람들이 있었다. 어찌됐든 그들도 한국 사람들이라 나는 그들에게서 누구와도 쉽게 가까워질 수 있는 따뜻한 정과 진실한 우정을 기대했다. 또 사회에 대해 객관적으로 비판하고, 토론에서 자기만의 의견을 진지하게 주장할 수 있는 국제적인 마인드를 갖추었길 바랐다. 하지만 내가 보기에 그들은 한국 정서는 갖고 있어도 비판 정신은 부족했다. 그들도 어차피 한국 부모 밑에서 자란 아이들이었고, 그들의 부모는 자녀 역시 자신과 같은 길을 걷기 바라는 외교관, 의사, 치과전문의였다.

나는 그런 점이 조금 실망스러웠다. 그것은 내가 바라는 대학의 모습이 아니었다. 아버지는 대학생활은 새로운 발견과 경험, 사상을 맘껏 접하는 인생 최고의 시절이 되어야 한다고 말씀하셨다. 하지만 한국에서의 대학생활은 기대에 미치지 못했다. 학생들은 대개 모범생이었고 다양한 재주도 많았다. 하지만 어떤 까닭인지 모두 국제 관계, 법률, 경제학을 공부하고 있었다(물론 의학이나 치의학을 공부하는 아이들도 있었지만 접촉할 기회가 없었다). 그들이 다른 열정이나 재능을 갖고 있었는지는 알 수 없다. 자신의 전공과목에 뛰어난 아이들이 있는 반면 전공보다 디자인이나 음악에 소질이 있는 친구들도 있었지만 그 길을 택할 수는 없었던 것 같다.

한국 사람들은 윗사람이 시키는 대로 하는 문화에 젖어 있다. "좋아, 이제 네 스스로 생각해봐!" 그러면 사람들은 어쩔 줄을 모른다. 비록 나 자신도 두 가지 대조적인 문화 사이에 양다리를 걸치고 있지만, 비판적으로 생각하고 스스로 판단할 줄 아는 사람들과 어울리고 싶다는 생각이 간절했다. 나는 한국 대학에서 만난 사람들에게 별로 신선한 느낌을 받지 못했고, 모였다 하면 술만 마셔대는 문화가 두려워 사교 모임이나 친구 사귈 기회를 놓쳐버린 적도 많았다. 이런 현실은 진작부터 알고 있었지만 막상 겪어보니 역시나 내게는 새로운 환경이 필요하다는 생각밖에 들지 않았다. 나는 창조적이고 도전적인 사람들과 어울리고 싶었다. 머리를 파랑이나 보라로 물들이고, 부모가 원한다는 이유만으로 의대나 정치학과를 가지 않는 사람들을 원했다. 대학이란 열정과 저항정신이 넘치는 곳이어야 한다고 생각했다. 내가 꼭 그런 사람에 속하지는 않는다 해도 말이다.

연세대를 1년 다닌 뒤 나는 학교를 그만두고 네덜란드 대학에 들어갔다. 새로 들어간 대학은 내가 꿈에 그리던 이상적인 대학의 모습 그대로였다. 학생 공동체는 작지만 활기가 넘쳤고, 정치적이면서도 단란하고 흥미진진한 분위기였다. 한국에서는 일단 좋은 대학에 들어가면 공부는 뒷전이고 흥청대며 놀기 바쁘다. 대학입학을 위해 고등학교 시절 전부를 바쳤으니 실컷 즐기겠다는 생각이다. 한 학기만 다녀보니 나는 대학이 어떻게 돌아가는지, 어떻게 공부하면 좋은 점수를 받을 수 있을지 훤히 알 수 있었다. 그러고 나니 비밀의 암호를 풀어버린 듯 모든 게 싱겁기만 했다. 하지만 새로 옮긴 대학에서는 학사 과정 3년 동안 다음 순간에 무슨 일이 일어날지 예측할 수 없었다. 3년 내내 한순간도 긴장을 늦출 수 없었고 한숨 돌릴 여유조차 없었다. 계속 그렇게 살다보니 너무 지쳐서 나중에 어찌되든 좀 쉬었으면 좋겠다는 생각마저 들었다.

새 대학에서는 원하지 않으면 술을 마시지 않아도 되었다. 모두들 나의 선택을 존중했고, 그들과 다른 선택을 한 나도 어색해 하거나 미안해 할 필요가 없었다. 내가 만난 친구들 중에는 특권층의 자녀도 있고 평범한 출신의 아이들도 있었지만 성장 배경은 그들의 인생에 별다른 영향을 주지 못했다. 600명이 모인 우리 학부에서는 이런 경향이 특히 두드러졌다. 하지만 학생들이 선택한 학문은 매우 다양했다. 한 과 내에서 정치학, 국제 관계, 인권, 심리학, 성별연구Gender Studies, 철학, 사회학, 수학을 공부하는 친구를 모두 볼 수 있었다.

우리 대학에서는 문제기반학습Problem-Based Learning, PBL이라는 독특한 수업 방법을 채택했다. 매번 최대 12명 이하의 학생들이 원형(또는 사각형) 테이블에 둘러앉아 수업에 참여했다. 수업은 2시간으로, 사전 토론과 사후 토론의 두 부분으로 나뉘었다. 사전 토론 시간에 학생들은 그날 토론할 문제가 제시된 짧은 지문을 읽는다. 토론 진행자의 지도에 따라 학생들은 지문에 나타난 주제와 논점을 찾고, 지문을 읽으며 떠오른 의문점들을 적어본다. 둘째 시간인 사후 토론에서는 집에서 미리 읽어온 자료에서 알게 된 사실들을 서로 나눈다. 모두들 정보를 찾아내는 방법이 다르기 때문에 각자 알게 된 지식을 함께 공유하며 의견을 교환하는 학습 방식이다. 예를 들어 생물학 수업에서는 한 사람이 코카콜라 몇 병을 마시고 높은 산에 올랐더니 숨쉬기가 어려워졌다는 지문이 제시되었다. 학생들은 배경지식을 활용해 탄산음료를 많이 마시는 사람들은 그 밖의 생활 습관 역시 건전하지 못한 경향이 있어 대체로 건강하지 않다는 결론을 내린다. 또 고산지대로 가면 설탕이 산소 흡입을 방해하는 작용을 한다고 추측할 수도 있다. 이런 결론이 꼭 옳다고 볼 수는 없지만 학생들은 이 사례에서 탄산음료와 고도의 관계를 설명할 수 있는 4~6가지 가설을 나름대로 만들어본다.

학생들이 앉는 위치는 매번 바뀐다. 토론이 엉뚱한 길로 새지 않도록 항상 지도교수가 동석한다. 하지만 교수님은 잘 나서지 않으시고 무엇을 얼마나 배울지는 학생 본인에게 달려 있다. 한 주에 한 번씩 교수님께 직접 이론을 배우는 강의 시간도 있어, 부족한 지식을 보충할 수 있다.

– 레네의 교육 탐방 일지

고등 교육 전문가 도널드 애셔Donald Asher는 '아이비리그는 과연 이름값을 하는가?'라는 기사에서 이렇게 주장했다.

- 아이들은 태어나는 순간부터 8개 아이비리그 대학문을 지키는 입학심사위원회의 선택을 받기 위해 혹독한 훈련에 돌입한다. 시중에는 '포장 전략'에 관한 기사와 책이 넘쳐난다. 그런 자료에는 어떤 수업과 활동에 참가해야 심사위원들에게 어필할 수 있는지, 한물간 스펙은 무엇인지, 가산점이 되는 이력은 무엇이며, 학생의 입학 가능성을 떨어뜨리는 요소는 무엇인지 등이 상세히 소개되어 있다. 우리 사회에는 '예일Yale 증후군'이라는 정신병도 있다. 젊은이들이 대학입학에만 집착하는 강박증의 일종이다. 이 병에 걸린 학생들은 합격 소식을 알려주는 '두툼한 봉투'만을 눈이 빠지게 기다릴 뿐, 대학생활이나 자신의 인생에 대해 아무런 계획을 세우지 못한다. 말기 암환자들처럼 미래는 전혀 안중에 없는 것이다. 부모는 아이비리그 입학허가서를 받으면 부모로서도 우수한 성적표를 받았다고 생각하고, 합격에 실패하면 자신의 자녀 교육 역시 낙제점이라고 생각한다. 오직 그 한 가지 목표를 위해 모두들 이를 악물고 노력한다. 하지만 사람들은 그렇게까지 아이비리그에 들어갈 가치가 있는지는 따져보려 들지 않는다.

저자는 이 기사에서, 아이비리그가 항상 이름값을 하는 건 아니므로 학생과 부모는 다른 대안을 심각하게 고려해보는 편이 훨씬 나을 거라고 제안한다. 그의 책 『엄청나게 똑똑하고 자기주도적인 대기만성형의 비범한 학생을 위한 멋진 대학Cool Colleges for the Hyper-Intelligent, Self-Directed, Late Blooming, and Just Plain Different』에서 애셔는 학생의 독특한 기질과 적성에 맞는 대학을 고르는 법을 자세히 소개한다.

부모들은 자녀가 빈둥거리며 시간을 보내는 꼴을 눈 뜨고 봐주지 못한다. 하지만 이런 태도는 아이들의 창의력을 싹틔우는 데는 독이 된다. 번뜩이는 영감과 신선한 아이디어는 바로 한가롭게 빈둥대는 순간에 탄생하기 때문이다. 미국의 접착제와 사무용품 생산 기업 3M은 '15퍼센트 타임'을 도입했다. 직원들에게 근무 시간에 사무실 밖으로 나가 몽상에 빠지거나 사색을 할 수 있게 허락하는 제도다. 그냥 평범한 직원 복지의 하나로 보일지도 모르지만 실제로 이 시간에 회사를 대표하는 기가 막힌 상품들이 쏟아져 나왔다. 연구원 아트 프라이Art Fry의 기발한 발명품 '포스트잇Post it' 역시 15퍼센트 타임의 산물이다. 종이 뒷면에 접착제를 바르는 단순한 아이디어만으로 교회 성가집에 붙여도 쉽게 떨어지지 않는 완벽한 북마크를 탄생시킨 것이다. 나중에 일류 기술 회사 구글과 휴렛패커드 역시 이 혁신적인 제도를 받아들였다.

부모가 자녀의 학업 목표와 진로를 너무 시시콜콜하게 정해 놓는 것도 문제다. 자녀의 발달 초기에는 부모의 관여와 지도가 매우 중요하다. 그러나 아이가 성장하여 자기만의 길을 찾아야 할 때가 오면 이런 관여는 지나친 참견이 되어 아이의 숨통을 틀어막는 역효과를 낳는다. 아이들에게 어느 정도 재량과 자유를 주어야만 타고난 재능을 활짝 꽃피울 수 있다.

2

원탁회의
– 핀란드의 학생들

핀란드를 방문한 레네는 학생들을 모아 핀란드의 교육에 대한 의견을 나누었다. 구성원이 조금씩 바뀌기는 했지만 최소 10~12명은 꾸준히 모을 수 있었다. 초등학생부터 직업을 가진 부부까지 연령대도 매우 다양했다. 핀란드에는 학교–대학–직장이라는 정규 코스가 없어서인지 그들이 받은 교육도 서로 크게 달랐다. 그중에는 전공을 바꾼 사람들도 많았다. 대부분 여행 경험이 풍부했고, 몇몇은 한국에 다녀온 적도 있어 한국의 교육에 대해 어느 정도 알고 있었다. 교환학생으로 한국 학교를 직접 체험한 사람도 있었다.

'핀란드 교육'하면 가장 먼저 머리에 떠오르는 것이 무엇인가요?' 라는 레네의 질문에, 누군가가 '형편없는 급식'이라고 대답하자 모두들 폭소를 터트렸다.

- 고등학교나 직업학교를 졸업할 때까지 무료 급식이 나와요. 하지만 교과서는 돈을 내야 하죠. 핀란드는 학생들의 천국이에요. 의료 혜택도 있고, 정말 싼 가격에 식사도 할 수 있고, 공짜로 여행도 할 수 있거든요. 복권에 당첨되는 거나 마찬가지예요. 남편이 그걸 보고 정말 놀라더라고요. 캐나다에선 공부하는 데 돈이 많이 든다면서요.

비에라의 언니 사라의 말이다. 그녀의 남편은 캐나다인인데, 얼마 전 핀란드에 들어와 그녀와 함께 살고 있다.

하지만 혜택이 너무 많다보니 학생생활에 안주하여 학교만 오래 다니는 사람이 생긴다는 문제도 있다. 이런 현상은 다른 복지국가에도 흔하다. 네덜란드의 학생들은 공부를 오래 쉬면서 여행 등 다양한 체험을 하기도 한다. 저마다 말을 이었다.

- 예전에는 그런 일이 훨씬 흔했나봐요. 저는 정부에서 지원 기간을 제한하는 게 잘하는 일 같아요. 10년씩이나 공부하는 학생을 계속 공짜로 먹여 살릴 수는 없다고 생각해요.
- 대학생들이 대체로 학교를 오래 다니는 건 분명해요.
- 특히 전공을 바꿨을 때는 처음부터 다시 시작해야 하죠.

그녀는 예술 고등학교를 졸업하고 헬싱키대학 연극학과에 들어갔다. 거기서 1년을 공부해보니 수업이 너무 이론적이라는 생각이 들었다. 그래서 다국어를 구사하는 경영지원인이 되려고 응용과학 대학교로 방향을 바꿨다. 이제 한 주 후면 새로운 학문을 시작할 예정이다. 핀란드에서는 이런 일이 드물지 않다. 이 모임에서 가장 연장자인 37세의 안티는 목공, 디자인, 애니메이션을 공부하여 세 개의 학위 취득에 성공했다. 영화업계에서 10년 가까이 일한 경력이 있고, 현재는 애니메이션 부감독으로 활동하고 있다.

사라는 이렇게 말한다.

- 학교에서는 자유가 많은 편이에요. 모든 학교가 그런 건 아니지만 제가 다닌 고등학교에서는 시간표를 학생 마음대로 정할 수 있었어요. 한 학기는 보통 7~8주인데 한 학기 동안 수업을 하나도 선택하지 않아도 나무라는 사람이 없었죠. 언젠가 한 학기 내내 수업을 두 과목만 선택해서 들은 적이 있어요. 고등학생도 자기 일은 자기가 알아서 할 수 있다는 뜻이죠. '이 과목은 지금 공부하기 싫으니 나중에 들어야겠어'라며 미룬 적도 많아요.

마음에 안 드는 선생님이 있으면 그 과목 수강을 다음 학기로 미뤘다며 비에라도 그 말에 동의했다. 시험에 대해 질문하자 가장 나이 어린 노에미가 핀란드어로 대답하고 다른 사람들이 영어로 통역을 해주었다. 노에미는 특수 음악 학교 6학년이다. 학교에서 수학과 핀란드어 시험만 본다고 한다. 다른 사람들이 설명하기를, 시험은 없더라도 교사가 학생의 실력을 나름대로 점검한다고 했다. 시험과 피드백은 있지만 한국처럼 학생의 이름과 번호를 1등부터 꼴등 순으로 공개하지는 않는다고 했다.

한국인이 등수에 집착한다는 얘기가 나오자 사라가 말했다. 한국의 교육을 경험한 레네는 그녀가 이 사실을 안다는 것이 놀라우면서도 조금 창피하기도 했다. "핀란드에서는 성적순으로 반을 나누지 않아요"라고 비에라가 말했다. 사실 능력에 따라 반을 나누거나 '영재반'을 두는 것은 전형적인 미국식이다. 핀란드에서는 학습장애나 행동장애 학생들만 별도로 분리 지도한다. "모든 학생이 함께 공부하고 평등한 대우를 받아요"라고 사라가 말했다.

- 한국에 가기 전에 제가 다녔던 중학교에는 문제 학생만 모은 특수 학급이 있었어요. 그 반에는 장애인도 있었지만 공부하기 싫어하는 친구들도 있었죠.

안네가 말했다. 그녀는 안티의 아내로, 한국에서 중학교를 레네와 함께 다녔다. 지금은 건설회사에서 재무관리 보조로 일하고 있다. 정말 궁금한 듯 "한국에서는 정말 능력별로 학생을 나누나요?"라고 사라가 레네에게 물었다.

- 꼭 그렇진 않아요. 원래 똑똑한 아이들이 좋은 성적을 받고 결국 상위권을 차지하거든요. 제가 보기에 한국에서는 수준이 떨어지는 학교에서 1등을 하는 게 우수한 학교에서 평범한 성적을 받는 것보다 나아요. 핀란드의 선생님들은 어떤가요? 시험

이 전혀 없다면 학생들에게 어떻게 학습 동기를 부여하나요? 가장 기억에 남는 선생님 이야기를 해주세요.

• 고등학교 때 모든 학생의 사랑을 받던 선생님이 생각나네요. 종교 과목을 가르치셨는데 수업 시간에 항상 농담을 하셔서 아이들이 모두 좋아했죠. 수업 시작 때마다 우리에게 라틴어 경구를 하나씩 소개하고는 그것을 핀란드어로 옮겨주셨어요. 수업을 그렇게 시작하면 학생들 사이에 진지하게 생각하는 분위기가 생기곤 했죠. 훌륭한 전략이었어요. 물론 농담을 많이 하신 것도 좋았고요.

안네의 동생으로, 회사에서 프로젝트 어시스턴트로 일하는 니나가 말했다. 그녀는 사라와 같은 응용과학 대학교에서 공부했다.

• 제가 가장 좋아했던 선생님은 파워포인트 자료를 전혀 사용하지 않으셨고 심지어 칠판에 필기도 하지 않으셨어요. 그보다 효과적인 방법을 쓰셨죠. 이야기를 들려주신 다음 항상 우리에게 의견을 물어보셨어요. '로마 사람들은 왜 이런 일을 했을까요?' 같은 질문을 늘 던지셨어요.

비에라는 발도르프 학교 시스템의 영향을 받은 선생님을 만난 적이 있다. 발도르프는 몬테소리 교육처럼 감각을 사용해 학습하게 하는 대안교육의 한 형태로, 놀이와 움직임을 특히 강조한다.

- 제 초등학교 선생님은 무척 재미있는 분이었어요. 늘 이야기를 들려주셨거든요. 조그만 플루트를 가져와 연주를 하셨고 아이들을 둥글게 앉혀놓고 책을 읽어주셨죠. 우리는 자세와 동작으로 글을 익히고 함께 연극도 했어요. 우리 반 친구들은 모두 그 선생님을 좋아했는데, 종래의 수업 방식에 익숙해진 다른 반 아이들은 우리가 아기 취급을 받고 있다고 생각했어요.
- 훌륭한 선생님에게는 자신만의 교육 방법이 있어요. 그 방법이 선생님마다 크게 다르죠.

레네는 다른 질문을 던져보기로 했다.

한국 학교에 대해 아는 게 있나요?

- 공부를 많이 한다고 들었어요. 방과 후에도 사설 교육 기관에서 공부하느라 취미생활을 즐길 여유가 없다고요.
- 여기 학생들보다 교사를 존경하는 것 같아요. 교사의 권위가 많이 인정되고요.

한국 교육에 대한 괴담도 많이 들었다며 몇 사람이 농담조로 얘기했지만 레네는 그것이 순전히 농담만은 아니라고 느꼈다. “기계적으로 암기하는 교육을 받고, 선생님이 시키는 대로 따라야 한다면서요” 라고 축구 장학생으로 미국에서 공부하다가 얼마 전에 귀국한 테르히가 말했다. 체벌과 징계 문제에 대한 화제가 자연스럽게 뒤따랐다.

핀란드에서는 학생을 건드리기라도 하면 당장 고소를 당할 수도 있다. 하지만 핀란드 국민들은 교육에 대한 신뢰가 높다. 대체로 교사를 믿는 편이라고 말했다. 신뢰는 거기에 그치지 않는다. 레네는 게스테르비의 초등학교에 아무런 제재 없이 걸어 들어갈 수 있는 것을 보고 정말 놀랐다. 미국에서는 방문증을 요구하는 학교도 있다. 감시카메라는 기본이고 학교 정문에 금속 탐지기가 설치된 곳도 있다.

각자 다양한 문화에 있었던 학생들이 자신의 견해를 털어놓았다.

- 핀란드 사람들은 서로 우호적이기 때문이에요. 우리는 선생님을 부를 때 이름을 불러요. 한국에서는 있을 수 없는 일이겠지만요.
- 프랑스나 독일만 해도 그랬다간 학교에서 당장 쫓겨날걸요.
- 그게 핀란드의 문화죠. 자기 부모한테까지 이름을 부르는 사람이 있어요. 여긴 위계질서가 전혀 없으니까요.
- 제 생각엔 한국에서는 학생을 하나의 집단으로 보고, 여기서는 학생 각자의 개성을 존중하는 것 같아요.
- 학교마다 수준이 매우 비슷해요. 예외적으로 이름난 학교도 있지만요. 하지만 평범한 학교를 나왔다고 해서 무시당하지는 않아요.
- 맞아요. 핀란드에는 학교 간에 서열이 없어요.
- 해마다 발표되는 대학 목록 외에는 학교를 평가하여 서열화하는 장치가 없어요.
- 사람들이 그런 데 관심이 없는 것 같아요. 특정학교로 몰리는

경우가 적어요.

- 그래도 수준 높은 학교가 있긴 해요. 중학교 GPA에 따라 지원할 수 있는 고등학교가 달라지죠. 어떤 고등학교는 다른 학교보다 지원 점수가 높아요. 10점 만점에 9점 이상을 요구하는 학교도 있고, 약 7점을 요구하는 학교도 있어요.

한국 문화에 대해 전반적으로 어떻게 생각해요?

- 한국인을 잘은 모르지만, 매우 근면하고 강인한 민족 같아요. 등산을 무척 좋아하고요.
- 나라에 대한 자부심이 대단해요.
- 놀고 즐기는 것도 좋아하는 것 같아요. 한국 TV 프로그램을 보면 정말 왁자지껄하고 화면에 온통 현란한 자막이 가득하잖아요.
- 서로 허리 숙여 인사할 때는 정중한데, TV 프로그램은 완전히 딴판이에요. 거기에 비하면 핀란드 토크쇼는 정말 차분하죠.

핀란드인은 어떤 사람들인가요?

- 개인주의적이에요. 특히 한국인과 비교하면요.
- 한국보다는 일본에 대해 잘 알지만 두 나라에 비슷한 면이 있어요. '사회에 대한 강한 소속감, 남들이 행동하는 대로 따라야 한다는 사고방식' 등이요.

- 제가 보기에는 말이 별로 없고 속을 잘 드러내지 않는 것 같아요. 처음에 친해지는 데 시간이 걸리고요. 하지만 그에 비해 한국인은 시끄러운 편이죠.

핀란드 국민과 핀란드의 문화는 어떤가요?

- 핀란드 사람들은 과묵하고 수줍음이 많아요. 거리에서 누군가에게 다가가 방향을 물어보면 '이 사람이 나한테 원하는 게 뭐지?'라는 식의 반응을 보여요.
- 맞아요, 핀란드인은 자기만의 세계에 틀어박히는 경향이 있어요.
- 핀란드인의 행동은 계절의 영향을 받는 것 같아요. 제 친구가 겨울과 여름에 핀란드에 와 보더니, 서로 다른 나라 같다는 거예요.
- 겨울에는 온 나라가 겨울잠에 빠지는 것 같아요.

레네가 들었던 바로는 여름에 핀란드인은 완전히 딴사람이 된다. 도시의 카페테라스는 환한 얼굴들로 가득하고 굳어졌던 혀도 풀어진다고 한다. 시골에서는 친구와 친척들이 모여 사우나를 즐기고, 모두들 최근에 나온 아이스크림을 맛본다. 이런 장면을 떠올리니 마음이 설레었다. 레네는 하필 겨울에 핀란드에 오게 된 것이 새삼 아쉬웠다.

- 핀란드인은 규칙을 잘 지켜요. 횡단보도를 지날 때 신호를 철저히 따르죠. 한국에서는 빨간불일 때 길을 건너는 사람들이 있지만요.
- 애니메이션 일을 하다보니 한국 사람들과 함께 일할 기회가 있었어요. 우리 프로덕션 회사에서 한국인과 공동 프로젝트를 진행한 적이 있죠. 핀란드에서는 팀원 각자가 자기 생각이 있는데 한국 사람들은 독립적으로 아이디어를 내지 않더라고요.
- 핀란드에서는 이웃에 누가 사는지조차 모르는 사람이 많아요. 한국도 큰 도시는 마찬가지겠지만요. 여기서는 남의 일에 관여하지 않는 게 최선이라고 생각해요. 심지어 서로 인사도 안 하죠.
- 핀란드 사람은 누가 너무 가까이 다가가면 지레 겁을 먹어요.
- 서로 귀찮게 하지 않아요. '안녕하세요'라고 인사하는 것도 주제 넘는다고 생각할 때가 있어요.

핀란드인의 미묘한 사회적 상호작용은 어떤가요?

- 거리에서 아는 사람을 만나면 고민을 하게 되요. '인사를 해볼까? 하지만 귀찮아할지도 모르잖아. 서로 잘 아는 사이도 아니고. 어쩌면 바쁜 일이 있을지도 몰라. 나를 기억하지 못할지도 모르고.' 그래서 그냥 가던 길을 가거나 상대방이 먼저 인사할 때까지 기다리죠.
- 버스에 자리가 별로 없어서 누군가의 옆자리에 앉을 때가 있잖

아요. 그럴 때 빈자리가 생기면 옆에 있던 사람은 냉큼 그 자리로 옮겨버려요.

- 그런 상황에 익숙하지 않은 사람은 이렇게 생각하겠죠. '내가 뭘 잘못했나, 아님 내 몸에서 냄새라도 나나?' 하지만 그 사람은 그저 당신 옆자리에 앉아 있는 게 예의가 아니라고 생각하거나 당신을 방해하고 싶지 않을 뿐이에요.

핀란드에 있을 때 레네도 이런 일을 몇 번 겪었는데, 이 말을 듣고 나니 그때의 상황이 납득될 수 있었다.

- 낯선 사람이 말을 걸어오면 그 사람에게 어떤 꿍꿍이가 있다고 생각해요. 여호와의 증인이 개종을 권하려 한다고 생각할지도 몰라요.
- 네, 항상 그런 식으로 받아들여요. 모르는 사람이 인사를 하면 '나한테 원하는 게 뭐지?' 하고 생각해요. 핀란드인은 뭐랄까…….

"내향적이에요!" 모두 동시에 말했다. 다들 핀란드인의 대표적인 국민성에 대해 공감하고 있었다.

- 외국에 갔을 때 사람들이 내게 스스럼없이 다가와 돈을 요구하거나 물건을 팔려는 걸 보고 정말 놀랐어요. 그런 행동에 익숙하지 않아서요. 핀란드인은 그러지 않으니까요.

한국에 있을 때는 어떤 느낌을 받았나요?

- 한국인들은 외국인을 보면 신이 나나 봐요. 가까이 다가와 내 머리를 만지며 '금발이 정말 예쁜데요'라고 말을 거는 사람도 있었어요. 한국인은 신체 접촉을 대수롭지 않게 여겨요. 저는 모르는 사람은 절대 건드리지 않는데 말예요.
- 우리가 미국인인 줄 아는 사람들이 많았어요. 미국이 전쟁 때 한국을 돕기도 했고 다른 역사적인 이유도 있어서겠지만, 아무튼 미국인을 좋아하는 것 같았어요.
- 한국에는 핀란드에 없는 게 있더라고요. 남녀가 분리된 학교 말이에요. 여기는 여학생이나 남학생만 다니는 학교는 없는데 말이에요.
- 핀란드엔 사립학교도 없는 거나 다름없죠. 사립학교는 대부분 크리스천 학교예요.

정해진 시간이 다 되었지만 다들 떠나기가 아쉬운 것 같아, 밖으로 나가서 대화를 계속했다. 끝없이 이어진 대화에서 레네는 이들의 열정을 다시 확인할 수 있었다.

3

더 많은 궁금증
– 핀란드의 학생 Q&A

한국 고등학생과 핀란드 고등학생의 삶은 크게 다르다. 한국 학생들은 고등학교 시절 내내 3학년 말에 치러야 할 수능 걱정으로 전전긍긍하며 보낸다. 스스로 느끼는 부담감과, 부모와 사회가 주는 압력으로 학창시절은 스트레스와 긴장의 연속이다. 레네 역시 중학교에 다닐 때 시험을 잘 봐야 한다는 압박감에 늘 시달렸다. 핀란드 학생들도 고등학교 졸업 무렵에 대학입학자격시험을 봐야 하지만 시험을 바라보는 태도는 한국 학생들과 확연히 다르다. 시험을 의식하긴 해도 시험 걱정만 하며 살지는 않는다.

레네는 키르코누미 고등학교를 찾아가 그곳 학생들과 대화를 나누고 영어 수업도 참관했다. 전형적인 교실의 풍경이었지만 학생은 15명 정도에 불과했다. 회색 정장 차림에 키가 작고 안경을 쓴 여선생님은 레네에게 자신을 소개하면서, 학생들에게 질문하는 시간을 허락해주었다.

학교를 좋아하나요?

학생들이 조금 소극적인 태도를 보이자 선생님이 한 남학생을 지적해 학교에 대해 어떻게 생각하는지 물어보았다. 그 학생은 "훌륭한 교육을 받으면 나중에 좋은 직업을 구할 수 있을 것 같아서 좋아요"라고 대답했다.

학교를 좋아하지만 아침 일찍 등교하는 건 별로라고 앞줄에 앉은 남학생이 말했다. 그 말을 듣자, "그래, 선생님들도 같은 생각이야. 한 주 내내 아침 수업을 하면 무척 피곤하거든"이라고 선생님이 덧붙였다.

이 수업을 듣는 학생은 대부분 고등학교 1학년생이었다. 상급 학년에 비해 선택 과목이 적고 수업 일정이 고정되어 있다. 학년이 높아지면 과목과 수업 시간을 자유롭게 선택할 수 있다. 출석 일수만 채우면 학교에 가는 날도 스스로 정할 수 있다. 레네는 춥고 깜깜한 꼭두새벽에 교복 치마에 레깅스를 두 겹으로 신고 집을 나서던 고등학교 때가 떠올랐다. 그 당시에 선택권이 있었다면 조금 더 늦게 등교하는 쪽을 택했을 것이라고 생각했다.

장래에 어떤 일을 하고 싶나요?

학생들은 대체로 앞으로 무슨 일을 하고 싶은지 정하지 못한 것 같았다. 변호사나 사업가가 되겠다는 학생들도 있었지만 대부분은 확신이 없었다. 그저 지금 하고 싶은 게 무엇인지 알 뿐이었다. 방과 후에는 여학생과 남학생 모두 친구와 어울리고, 주말이면 남학생들은 늦잠을 자고 비디오 게임을 한다고 했다. 학생 대부분은 스포츠를 즐겼다. 한국의 체육 시간은 오로지 이론뿐인 경우가 많다. 한국의 학생들은 수능이 끝나면 살을 빼겠다고 다짐하곤 했다. 하지만 한국 학생들은 대체로 인생 계획을 갖고 있었다. 스스로 세운 계획도 있지만 부모님의 뜻에 따른 계획도 많을 것이다.

훌륭한 선생님이란 어떤 분인가요?

당연히 이 질문에는 선생님이 특히 관심을 보였다. 학생 한 명 한 명에게 직접 생각을 물어보았다. 학생들은 모든 면에서 균형 잡힌 선생님을 좋아하는 것 같았다.

- 유연한 분이 좋아요. 계획대로 수업을 진행하시되 수업 시간에는 학생들에게 선택권과 자유를 주시는 분이요.
- 학생들을 사무적으로만 대하는 것이 아니라 진심으로 생각하고 아끼는 선생님이요.
- 재미있는 선생님이 좋아요. 일방적인 강의는 지루하니까 다른 활동을 병행하는 게 좋다고 생각해요.
- 느긋하면서도 유능한 선생님이요. 아이들을 너무 몰아치지 않았으면 좋겠어요. 어느 정도 규율은 있어야겠지만 너무 까다롭

지는 않고요.

- 학생을 잘 보살피는 선생님이면 좋겠어요.
- 가르치는 일을 즐기는 선생님이요. 제가 만난 선생님 중 몇 분은 수업에 몰입하지 않으셨어요. 기계적으로 지식만 전달할 뿐 열정이 없었죠.
- 좋은 선생님은 어렵지 않게 설명을 잘 해주시는 분이어야 해요.

어떤 과제를 선호하나요? 발표하기, 팀 과제 등 중에서요?

- 과목에 따라 달라요. 수학은 전부 개별 과제라서 조별활동이 많아졌으면 좋겠어요. 영어 같은 언어 수업에서는 2인 과제와 그룹 과제가 많아서 좋아요.
- 전 혼자서 공부하고 싶어요. 선생님이 교실 앞에서 강의하시는 수업이 가장 효과적이라고 생각해요.

선생님은 학생마다 선호하는 방식이 다르다고 덧붙였다.

컴퓨터실로 자리를 옮긴 뒤 학생들이 한 일은 이력서 쓰기였다. 레네는 대학 시절 구글로 검색해가며 회사에 제출할 이력서를 어떻게 쓸지 고민하던 때를 생각했다. 숙제 역시 다양한 직장에 지원서를 써보는 것이었다. 학생들은 각자 컴퓨터 앞에 앉아 작업을 시작했다. 컴퓨터실에는 다른 작업을 하는 학생들도 있었다.

레네는 컴퓨터실을 돌아다니며 학생 한 명 한 명을 가까이서 지켜보았다. 선생님은 학생들이 영어 원어민을 만날 기회가 흔치 않으니 필요한 학생에게 도움을 주면 좋겠다고 하셨다. 레네는 영어를 무척 잘한다는 야코라는 학생에게 다가갔다.

- 저는 앞으로 2년 동안 생물과 지리를 더 공부할 생각이에요. 1학년을 마치고 나면 원하는 과목을 집중적으로 공부할 수 있으니까요. 1년간 필수 과목을 수강한 다음, 좋아하는 과목을 선택하는 거죠.

그의 설명대로라면 고등학교 때도 대학생처럼 1학년 때 필수 과목을 마친 이후에는 원하는 과목에 집중할 수 있다는 뜻이다. 고등학교에서 반드시 들어야 하는 과목도 있지만 수강 시기는 알아서 선택할 수 있다. 어쨌든 졸업하려면 필수 과목은 모두 이수해야 한다. 상급 학년이 되면 수업 시간표를 원하는 대로 짤 수도 있다. 고등학교 때부터 학생에게 엄청난 책임을 쥐어주는 시스템이다. 다른 나라에서는 대학생이 되어서야 가능한 일이다.

야코는 수업 시간에 선생님께 질문을 많이 하지만 공부를 하다가 이해를 못하는 내용이 있으면 친구들에게도 종종 물어본다고 했다.

핀란드 아이들이 하는 일은 다른 나라의 10대와 다르지 않다.

- 온갖 과일을 판매하는 가게에서 일해요. 그곳에서는 학생들을 고용해 과일 따는 일을 시키고 어린이를 위한 체험학습도 운영하고 있어요. 어린 학생들은 너무 책임이 무거운 일보다는 단

순한 일을 주로 해요.

오스카의 말을 듣고 레네는 부모님이 혹시 공부나 일을 강요하시는지 물어보았다.

- 아니요, 절대 그렇지 않아요. 그냥 제안하시는 거죠. 숙제가 뭔지, 학교생활이 어떤지 질문도 하시지만 그냥 관심이 있어서 물어보시는 거예요. 전 숙제는 꼬박꼬박 하는 편이에요.

핀란드에서는 숙제는 대체로 많지 않은 편이다. 오스카는 부모님과의 관계가 어떤지 말해주었다.

- 부모님은 제게 자유를 많이 주세요. 제가 미리 말씀을 안 드리고 외출하면 문자메시지를 보내기도 하시지만요. 하지만 '그날 그 시간에 대체 뭘 하고 돌아다닌 거냐?'라며 나무라시지는 않아요. 부모님은 좋은 분들이고 저도 두 분을 사랑해요. 제 친구들도 마찬가지일 거예요. 자기 부모님 험담을 하는 아이를 본 적이 없으니까요. 부모님이 어떤 행동을 엄격하게 금지하신다고 불평하는 아이들은 있어요. 하지만 어릴 때는 어쩔 수가 없잖아요. 지금은 우리도 다 컸으니 학교 공부를 소홀히 하지 않는 한 너무 간섭하지 않으세요.

레네는 여학생들과도 대화를 나누었다. 짧은 머리를 붉게 염색한

이다는 작년 주말과 여름방학에 유람선에서 일했다고 했다. 다른 학생들보다 조금 나이가 많은 19세였기 때문에 좋은 일자리를 구할 수 있었다.

머리색이 짙고 아이라인을 그린 리타가 말했다.

- 지난여름에 전화로 학교 폭력 예방 책자를 팔았어요. 무척 재미있는 일이었죠. 하루에 약 50명에게 전화를 했는데 잡지를 사는 사람도 있었지만 제게 무례하게 대하는 사람도 있더라고요. 하지만 대체로 그 일이 마음에 들었어요.

리타는 좋아하는 취미활동에 대해서도 말해주었다.

- 매일 체육관에 가고 여유가 있을 때마다 조깅을 해요. 그게 제가 가장 좋아하는 일이에요. 양쪽 무릎에 수술을 받느라 쉬어야 했던 적도 있지만, 수술 후 다시 달릴 수 있게 돼서 기뻐요. 지난주부터 달리기를 다시 시작했어요.

한 소년은 어깨에 금속 스파이크가 박힌 가죽 재킷을 입고 허리까지 기른 머리를 묶고 있었다. 얼굴은 온순해 보였다. 다른 남학생은 턱수염을 보송보송하게 길렀고 록밴드 티셔츠를 입고 있었다. 둘 다 머리끝에서 발끝까지 검은 옷에 군화 차림이었다. 머리는 눈부신 금발이라 헤비메탈 콘서트장에서 방금 걸어 나온 사람들 같았다. 핀란드에는 인구수에 비해 메탈 밴드가 유난히 많다. 나이트위시

Nightwish, HIM, 칠드런 오브 보돔Children of Bodom 등은 그중 극히 일부에 불과하다. 클래식교육을 받은 첼리스트들이 상의 탈의에 가죽 바지만 입은 채 장발을 현란하게 흔들어대는 하드록 밴드 아포칼립티카Apocalyptica도 핀란드 출신이다.

고등학교 3학년으로 나이는 18세인 긴 머리의 아쿠와, 턱수염을 기른 17세의 2학년생 닐라도 만났다. 그들은 친절했고 대화에 흔쾌히 응했지만 레네의 질문에는 다소 삐딱하게 대꾸했다. 어떤 과목을 좋아하냐는 질문에 아쿠가 기다렸다는 듯이 대답했다.

- 역사요. 선생님이 유머감각이 뛰어나시거든요. 그다지 재미없는 선생님도 계시지만 다들 대체로 좋은 분들이세요. 핀란드어 선생님은 아주 엄격하세요. 대학 교수처럼 학구적인 타입이시죠. 한 자리에 서서 강의만 하시는 분 있잖아요.

아쿠는 곧바로 원래 화제로 돌아가 자신이 역사와 영어를 잘한다고 했다. 닐라는 역사를 좋아하지만 어학 성적이 특히 좋다고 했다. 아쿠는 대학에서 역사를 전공하게 될 것 같다고 했고 닐라는 배우가 되고 싶다고 했다. 그래서 문학 관련 선택 과목인 연극 수업을 들었다. 그 수업에서 매년 공연을 하는데, 닐라는 올해 공연에 출연했다.

이 학생들은 사회 현안에도 관심이 많아 보였다.

- 시사에 유난히 관심이 많은 아이들이 있어요. 수업 시간에 뉴스에 나오는 정치, 사회적 이슈, 우리 사회의 문제점 등을 주제

로 함께 토론해요. 우리끼리 대화를 나누기도 하고요. 사회 시간에도 선생님이 최근 사건에 대해 토론할 기회를 주세요. 하지만 방과 후에는 제 컴퓨터로 게임하기 바빠요.

레네 역시 많이 들어본 소리였다. 한국도 사정이 비슷하니까. 레네는 한국과 한국 학교에 대해 아는 게 있냐고 물었다.

- 경쟁이 치열해서 좋은 성적을 받아야 좋은 대학에 들어가고 좋은 직장을 구할 수 있다는 글을 읽은 적이 있어요. 여기 학생들은 그렇게 스트레스를 받지 않잖아요. 우리 부모님이 잔소리만 안 하시면 참 좋을 텐데요.

대학입학자격시험에 대해서는 어떻게 생각하는지 질문을 던져보았다.

- 학교에서는 부담을 안 주지만 대학에 들어가려면 입학자격시험 성적이 좋아야 해요. 대학 때는 전액 정부 지원을 받기 때문에 정원이 한정돼 있거든요. 학생이 학비를 낸다면 정원이 늘어나겠지만요. 헬싱키와 투르쿠에 있는 대학은 특히 경쟁률이 높아서 들어가기 쉽지 않아요. 그래서 입학자격시험 부담도 꽤 크죠.
- 본격적으로 공부를 시작해야 하는 시험 몇 달 전부터 부담이 쌓이기 시작해요. 내년 2월에는 저의 첫 입학자격시험이 있어

요. 요즘 준비를 하고 있는데, 그저 책을 반복해서 읽는 게 전부예요. 생각해보면 별로 스트레스 받을 일도 아니에요. 책을 읽기만 하면 되니까.

그 정도로 중요한 시험을 저렇게 가볍게 말한다는 사실이 놀라웠다. 그가 똑똑한 학생이기 때문일까? 아쿠의 태도는 죽기 살기로 매달리는 수능수험생보다는 대학 과목 선이수제(특정 과목에 뛰어난 고등학생이 대학 수준 과목을 고등학교에서 미리 이수하고 대학 진학 후 학점으로 인정받는 제도 – 옮긴이) 시험을 대하는 유럽이나 미국 학생의 태도에 가까웠다.

- 입학자격시험 대비 수업도 있는데 수업 막바지에는 기출 문제로 모의고사를 치르기도 해요. 1, 2학년은 5학기가 있는데 3학년은 세 학기만 공부하고 두 학기를 쉬면서 시험을 준비하죠. 그러고 보니 이번 주가 제 고등학교 시절의 마지막 주네요.

닐라의 계획은 다르다. 핀란드도 한국처럼 의무적으로 군복무를 해야 하기 때문에 고등학교를 마치기 전에 입대를 할 생각이다.

- 3월이면 18세가 되니까 올해 여름에 입대하려고요. 전 성적이 별로 좋지 않으니 군대에 가서 의지력을 길러야 해요. 제대하고 나서 학교에 돌아오고요.

아쿠는 어쨌든 졸업이 임박했으니 학업을 먼저 마칠 생각이라고 했다.

- 보통 18세가 되는 해에 영장이 나오지만 학생 신분이라면 입영을 연기할 수 있어요. 군대에서 어떤 보직을 맡느냐에 따라 복무 기간은 6~12개월 사이로 달라지죠. 일반인은 6개월이지만 장교훈련은 12개월이에요.

교실 밖으로 나왔더니 소파에 혼자 앉아 있는 여학생이 눈에 띄었다. 긴 금발에 귀를 뚫은 그녀는 휴대폰에 열중하고 있었다. 조금 수줍고 예민해 보이는 모습이었다. 이름은 라우라이고 16세라고 했다.

라우라는 학교를 매우 실용적인 목적으로 다니는 것 같았다.

- 학교가 뭐 별건가요. 그냥 직업을 구하는 수단일 뿐이죠. 저는 학교를 좋아하지만 스트레스도 많이 받아요. 시험을 잘 봐야 한다는 부담이 크죠. 이번 금요일에 시험 기간이 시작되는데 전 다섯 과목을 봐야 해요. 고등학교는 숙제도 많고 혼자 해야 할 공부도 많아요.

라우라는 직업학교를 가려다가 공부를 계속하는 길을 택했다. 혼자 공부하기가 쉽지는 않지만 스스로 선택한 길이라 최선을 다하고 있다. 라우라는 예전만큼 선생님들과 가깝게 지내지 못해서 아쉽다고 한다. 상급학교 선생님들은 시험만 강조하기 때문이란다. 핀란드에서는 시험에 목을 매지 않지만 학생의 실력은 역시 시험으로 평가받는다.

- 저학년 때 선생님들은 아이들을 잘 챙겨주셨는데 지금은 과목마다 선생님이 다른데다가 오로지 수업에만 집중하세요. 저학년 때는 선생님과 서로 속속들이 알고 지냈거든요. 같은 선생님을 자주 만나다보니 사이도 훨씬 끈끈했고요. 지금 선생님들은 기말고사에 나올 지식만 알려주세요.

핀란드 국민의 절반 이상은 공공도서관을 자주 이용한다. 책을 사랑해서이기도 하지만 책값이 어마어마하게 비싼 탓도 있다.

작별할 때 라우라는 레네에게 남한에서 왔는지, 북한에서 왔는지 물었다. 레네는 남한에 살고 있고 북한은 아무나 갈 수 있는 곳이 아니라고 했다.

미국 아이들은 15세만 되면 첫 일자리를 구한다. 미국 부모는 자녀가 어릴 때부터 독립심을 기르고 빨리 자립하기를 원하기 때문이다. 핀란드에서 아르바이트는 학생의 나이와 여유 시간, 독립심의 정도에 따라 달라진다. 고등학교 1학년생이라면 방과 후나 주말에 소소한 아르바이트를 하는 정도다. 한 남학생이 경험을 들려주었다.

- 친구 둘이랑 보이스카우트 클럽에서 8~12세 아이들을 돌본 적이 있어요. 보수는 용돈 정도밖에 안 돼요. 학교 공부 때문

에 일할 시간이 없다는 친구들도 있지만, 한 주에 한 시간쯤은 괜찮잖아요.

핀란드에서는 16세만 되어도 집을 나오는 학생이 드물지 않다. 혼자, 또는 이성 친구와 함께 살면서 스스로 돈을 벌어 고등학교를 다닌다. 마이라는 여학생도 어릴 때 독립했다고 한다. 마이는 휴게실 안락의자에 앉아 있었다. 체구가 매우 작은 이 소녀는 영어로 말하는 것을 쑥스러워했다. 마이는 완전히 자립해서 홀로 생활하기 때문에 일을 많이 해야 한다.

- 부모님께 경제적인 도움을 전혀 받지 못하는데 책값은 너무 비싸요. 집세도 내야 하고요. 17세 때부터 2년간 혼자 살았어요. 우리 가족은 자녀가 다섯이라 저만의 공간이 필요했거든요. 자기 힘으로 사는 아이들이 꽤 있어요. 그래도 다들 졸업을 했기 때문에 저 혼자 학교 다니기가 지겨운 거예요. 조금 이른 사람도 있고 늦은 사람도 있지만 평균 18세가 되면 부모님 집에서 나오죠.

핀란드 학교에서는 학생의 생활습관과 형편을 최대한 배려한다.

- 저는 이 학교가 유연해서 마음에 들어요. 선생님들도 이해심이 많으시고요. 일이 생겨서 학교에 올 수 없으면 오지 않아도 되죠. 유난히 학교를 많이 빠지는 학생도 있지만 이 학교에서는

별로 문제 삼지 않아요.

마이가 대화를 즐기는 것 같아 문답이 끝난 뒤에도 계속 이야기를 나누었다. 대화가 길어질수록 마이는 점점 쾌활해졌다. 마이는 핀란드의 학교에 관한 책을 쓴다는 데 큰 흥미를 보였고 이야기를 나누게 되어 무척 즐거운 것 같았다. 레네는 그녀로 인해 이야기의 순도를 더 높일 수 있는 시간을 가질 수 있었다.

PART 4

삶을 성장시키는 교육,
부모와 가정

Education in Finland

1

핀란드 부모 vs. 한국 부모
- 부모의 역할

"인생에서 가장 중요한 교육 수단은 부모의 모습이다."
—빌 코스비Bill Cosby

교육에서 가정의 역할이 차지하는 비율은 얼마나 될까? 교육 시스템뿐만 아니라 가정 안의 역할은 어떻게 작용하는지 우리는 살펴보기로 했다. 학자들은 부모의 유형을 대략 네 가지로 나눈다. 권위주의적Authoritarian 부모는 자녀를 엄격하게 대하며, 지시한 대로 행동하기를 강요한다. 허용적Permissive 부모는 자녀와 부딪치고 싶지 않아 원하는 대로 다 들어준다. 방임적Neglectful 유형은 이름 그대로 자녀에게 무심하고 거리를 둔다. 네 번째는 민주적인Democratic 유형으로, 권위주의적 유형과 허용적 유형을 적절히 섞어놓은 양육 태도를 지닌다. 따뜻하고 친근하며 자녀를 세심하게 챙기지만 자녀 교육에 대한 명확한 기준과 확고한 신념이 있다. 미국의 교육학자 더그 레모브Doug Lemov는 『최고의 교사는 어떻게 가르치는

가Teach Like a Champion』에서 이렇게 설명했다.

- 따뜻함과 엄격함은 상반된 성향 같지만, 사실 둘 사이에는 아무 관계가 없다.

따뜻하면서도 엄격한 부모와 교사는 아이들의 마음을 움직여 존경과 신뢰를 얻는다. 권위 있는 부모를 둔 아이들은 학업성취도가 높고 우울증이 적으며, 공격성, 반항 등 반사회적 태도를 적게 나타낸다. 권위 있는 부모와 교사는 집과 학교에서 아이들에게 회복탄력성과 융통성, 문제해결능력을 길러줄 수 있다.

학습 동기나 근면성, 부모의 역할 등은 국가별 교육을 비교 연구할 때 고려되지 않는다. 이런 요인들을 연구한다면, 우리의 예상대로 부모의 관심을 받고 자란 아이가 연령과 성별에 관계없이 성적이 좋고, 행동도 반듯하다는 결과가 나타날 것이다. 그러면 부모는 자녀 교육에 어떻게 관여해야 할까? 나라마다 부모의 역할은 어떻게 다를까?

미국 부모는 학교 행사에 직접 참가하여 자녀를 응원한다. 그러나 이상하게도 부모의 참가가 아무리 활발해도 아이의 읽기 성적이 또래보다 낫지는 않았다. 한편 덴마크 등지에서는 부모가 학교 일에 적극 참여하는 경우, 자녀의 성적이 그렇지 못한 경우보다 조금 나았다. 그렇다면 아들의 축구 연습 때 응원하러 가는 아버지나 딸의 현장 학습에 동행하는 어머니는 시간만 낭비하는 것일까? 그렇게 볼 수는 없다. 정서적 투자의 효과는 학술 연구로 밝혀내기 어렵고, 당장의 시험 점수 향상보다는 장차 다른 방식으로 나타날 수 있기 때문이다. 하지만 단기적으로 학교 성적에 얼마나 도움이 될지만을 따진다면, 엄마가 아이를 소풍 장소에 직접 데려다주느니 차라리 다른 뒷바라지를 하는 편이 나을 것이다.

자녀가 어릴 때부터 날마다 책을 읽어주면, 15세 무렵에는 또래에 비해 읽기 실력이 탁월해진다고 한다. 책을 읽어주는 것은 자녀에게 어떤 의미가 있을까? 아이들은 책을 통해 세상을 배우고, 가보지 못한 곳을 간접 체험하고, 호기심, 상상력, 사고력을 키울 수 있다. 위대한 인물의 인생, 업적, 사상을 접하면서 아이들은 성공을 향한 열망을 기르고 자신감을 갖게 된다. 또한 새로운 지식 습득이 얼마나 중요한지 깨닫는다.

부모가 관여하는 방식은 아이의 성장에 따라 달라져야 한다. 핀란드, 한국, 미국, 네덜란드의 경우 부모가 10대 자녀와 책, 영화, 시사 현안에 대해 자주 토론을 하면 아이의 학교 성적이 높아졌다. 아이들과 심오한 주제에 대해 즐겨 대화를 나누는 부모는 특별한 교육 없이도 자연스럽게 자녀의 사고력을 길러줄 수 있다. 연예인이나 스포츠팀 이야기가 아니라 의미 있는 시사 문제에 대해 부모와 자주 대화하는 15세 아이들은 PISA 점수가 높고 독서를 즐기는 경향이 많다. 뉴질랜드와 독일에서 초등학교 저학년 때 부모가 정기적으로 책을 읽어준 아이들은 학습능력이 또래보다 약 1년 반 정도 앞섰다.

한국의 가정은 지금도 사회를 지탱하는 근원이다. 부모와 자녀 관계가 중시되는 사회라 아이들은 서구에 비해 부모와 사이가 돈독하다. 유치원이나 초등학교에 들어갈 때까지 부모와 함께 잠을 자는 아이들도 많다. 부모의 헌신적인 보살핌은 장차 학업능력의 밑거름이 되기도 한다. 아주 어릴 때부터 부모는 자녀에게 이런 인식을 심어준다. '너는 우리 가문의 일원이니 우리에게 무엇보다 소중한 존재다. 하지만 너에겐 가족의 기대에 보답할 책임도 있다.'

한국 부모는 미국이나 서유럽의 부모와 달리 자녀가 해야 할 일과 하지 말아야 할 일을 엄격하게 구분하여 가르치지 않는다. 점잖게 행동하라고 연설을 늘어놓거나 잔소리를 하지도 않는다. 아이의 변덕도 관대하게 받아주고, 좁은 아파트를 헤집어놓거나 벽에 알록달록한 낙서를 하거나 아무데서나 소란을 피워도 관대한 듯하다. 어린아이니까 정신없이 뛰어다니고 시끄럽게 떠드는 것은 당연하다고 생각한다. 가끔씩 낯선 할아버지에게서 불호령이 떨어질 때 말고는 제멋대로 굴어도 너그럽게 용서받는다. 어린 숙녀와 신사처럼 의젓하게 행동할 필요 없이 마음껏 놀고 즐길 수 있는 것이다.

한국 부모는 자녀를 위해 온갖 희생을 마다하지 않는다. 사랑하는 아들딸에게 훌륭한 교육을 시키기 위해서라면 기꺼이 허리띠를 졸라맨다. 사교육비가 가계 소득의 절반을 차지하는 가정도 있다. 비싼 돈을 들여 해외로 장기 영어 연수를 보내기도 한다. 그래야만 나날이 치열해지는 한국 취업 시장에서 경쟁력을 갖출 수 있다고 믿기 때문이다. 자녀의 성공과 미래의 행복을 위해 한국 부모는 뼈 빠지게 일한다.

취업 환경이 열악한 탓에 집에서 출퇴근하기 힘든 먼 지역에서 근무하는 가장도 많다. 가족의 생활비를 벌기 위해 지방 도시의 조그만 아파트에서 홀로 생활하는 것이다. 수년간 혼자 외국에서 일하는 아버지도 있다. 아니면 더 나은 교육을 받게 하려고 아들딸을 아내와 함께 해외로 보내기도 한다. 부모, 특히 어머니와 자녀 사이의 깊은 유대감은 헤아리기 어려울 정도다. 존경하는 사람 또는 닮고 싶은 사람이 누구냐고 물어보면 젊은 한국인들은 '어머니', '아버지'를 꼽곤 한다. 성장할수록 부모와의 관계가 점점 소원해지는 서양과 달리, 이 관계는 일생동안 유지가 된다.

부모는 자녀의 든든한 지원군

유니세프의 이노첸티 연구센터Innocenti Research Center는 14~15세 학생을 대상으로 24개국의 교육의 질을 평가했다. 그 결과 교육의 성공이나 실패는 학교의 예산 규모와 직접적인 관련이 없음을 발견했다. 또한 이 연구에서는 교사 1명당 학생 수와 학업성취도 사이에도 명확한 관계가 없다는 결론을 내렸다. 연구자들은 한국 학생의 우수성은 가족이 주는 막강한 지원과 심리적 안정감에서 나온다고 보았다. 부모의 신뢰와 헌신적인 뒷받침이 자녀의 성적에 큰 영향을 미친다는 것이다. 하지만 부모가 신뢰를 표현하는 방법은 나라마다 차이가 있다.

미국 부모는 자녀의 응원단장이다. 자녀가 새로운 인생 국면에 접어들 때마다 자녀를 칭찬하고 격려한다. 특히 1969년에 심리학자 나다니엘 브랜든Nathaniel Branden의 『자존감의 심리학The Psychology of Self-Esteem』이라는 책이 세상에 나오면서, 자기 가치self-value와 자존감self-esteem이 1970~1990년대 교육의 화두로 떠올랐다. 캘리포니아 의회는 공립학교를 위한 '자존감 대책위원회'까지 설립할 정도였다. 하지만 자존감 교육은 해봤자 소용이 없다는 점이 문제다. 평론가 케이 히모위츠Kay Hymowitz는 월스트리트 저널 기고문에서, 브랜든의 선언 이후에 나온 15,000가지 연구 결과를 분석하여 이렇게 정리했다.

- 이러한 연구는 과연 무엇을 보여주는가? 하나같이 자존감이 성적향상이나 반사회적 행동의 억제, 알코올 남용 방지에 도움이 되지 못하며, 아이들에게 별로 이득 될 것도 없다는 결론을 내리고 있다. 사실 아이들에게 똑똑하다고 말해주면 역효과만 생길 뿐이다. 자기가 천재라고 자만하는 아이는 별로 노력을 하지 않는다.

막연하고 무성의한 칭찬을 남발하면 열심히 노력하고 새로운 것을 시도하려는 아이들의 의지가 오히려 약해진다. 원래 의도와 달리 해로운 결과를 낳을 수 있다.

반면 한국 부모는 코치 역할을 한다. 코치하는 부모는 자녀를 세심히 보살핀다. 미국 부모에 비해 학교 행사에 참여하는 시간은 짧아도 집에서 아이를 지도하는 시간은 길다. 자녀에게 책을 읽어주고, 저녁 식사를 준비하면서 구구단을 물어보고, 열심히 공부하도록 격려한다. 교육을 부모가 당연히 해야 할 역할로 생각한다.

부모와 자녀 사이만큼 밀접한 교사와 학생의 유대 관계도 한국 교육의 큰 저력이다. 서구 사회에서 교사나 교수는 학생에게 훌륭한 '교육 상품'을 제공해야 하는 직업인이다. 지식 전문가가 되어야 하지만 그 이상의 의무는 없다. 반면 한국 교사는 교육 과정 전반에 책임이 있다. 학생의 미래까지 책임을 져야 한다는 얘기다. 이렇게 보면 교사가 엄청난 존경을 받고, 학생과 교사가 서로의 관계를 위해 노력하는 이유가 납득이 된다. 졸업 후 오랜 세월이 흘러도 끈끈한 사제 관계가 이어지는 이유도 쉽게 설명된다. 그러나 학생의 독립성과 인권 문제가 점차 조명을 받으면서, 엄격한 규율이나 제재에 대한 자유를 요구하는 학생들의 목소리가 교실에서부터 터져나오자 한때 한국 교육의 특징이었던 교사와 학생의 유대 관계도 흔들리고 있다.

핀란드 부모와 교사 사이

핀란드에서 부모와 교사의 관계는 누구에게 물어보느냐에 따라 대답이 다르다. 핀란드 교사는 학교 내에서 훌륭한 교육을 받은 전문가로 인정받는다. 전문가로서의 자부심에 다소 무뚝뚝한 핀란드인의 기질이 더해지면, 외국 태생의 핀란드 부모에게는 특히 무심하고 냉담하다는 인상을 줄 수 있다.

린다 코르페이넨Linda Korpeinen도 그런 경우에 속한다. 린다는 미네소타 출신 미국인으로 핀란드 남성과 결혼하여 16년간 핀란드에 살았다. 부부는 스웨덴, 프랑스, 미국 등을 거친 다음 자녀가 태어나면서부터 핀란드에 정착했다. 린다는 핀란드어를 할 줄 안다. 레스토랑에서 레네를 만났을 때도 핀란드어 메뉴판을 보고 음식을 주문했다. 세 자녀는 각각 4학년, 7학년, 9학년이다. 그녀는 핀란드에서 부모와 교사의 관계는 그다지 가깝지 않다고 느낀다.

- 미국에서는 학부모와 교사 사이에 교류가 많거든요. 부모가 학교 일에 많이 개입하는 편이죠. 그런데 핀란드에서는 학교 급식 등의 문제에도 학부모에게 결정권이 없어요. 부모와 교사 사이에 마치 벽이 있는 것 같아요. 교사가 먼저 다가오는 일은 절대 없기 때문에 교사에게 다가갈지 말지는 부모에게 달려 있어요. 아이가 학교에서 심각한 문제 행동을 했을 때만 연락이 옵니다.

린다는 이번 학년에 처음으로 두 딸의 선생님들을 만나봤다고 한다. 그마저도 학년 초에 학부모 면담에서 15분간 대화를 나눈 게 전부다. 다만 아들이 학교에서 종종 말썽을 일으키는 탓에 아들의 선생님은 자주 만난다고 한다. 교사는 학생에 대해 별로 애착을 갖지 않고 학교는 직장일 뿐이라고 생각한다고 그녀는 말한다.

아이들은 학교에서 긴장하는 법이 없는데, 린다는 그게 반드시 좋은 것만은 아니라고 본다.

- 선생님마다 다르긴 하지만 교실에 기강이 전혀 없어요. 아이들이 수업 시간에 잡담을 해도 교사는 아무런 제재를 하지 않아요. 그래서 정말로 공부할 생각이 있는 아이들은 교실 앞쪽에 앉아야 하죠.

다소 무심해 보이는 핀란드 문화가 생소하게 느껴지는 사람이라면 당연한 인상일 수도 있을 것이다. 레네 역시 쿨로사리 중등학교에서 이런 상황을 직접 목격하기도 했다. 교사가 수업을 진행하고 있는데 아이들은 교사에게 등을 돌린 채 모여 앉아 웃고 떠들고 있었다. 교사는 이따금씩 조용히 하라고 주의를 줄 뿐 크게 신경 쓰지 않았다.

- 교사가 아이들과 정서적 유대감이 없기 때문에 부모가 채워줘야 할 몫이 있어요. 부모가 아이들을 너무 감정으로만 대해도 곤란하지만요. 자녀 일에 얼마나 개입할지는 부모가 알아서 선택해야 해요. 저는 아이들과 열심히 소통하면서 학교생활과 공부에 대해 자주 물어봅니다. 저의 이런 노력이 아이들의 학교 성적을 올리고 직업학교 또는 고등학교를 선택하는 데 영향을 줄지도 모를 일이죠.

하지만 모든 핀란드인이 이 생각에 동의하지는 않는다. 교사 마리아나 아로바라 헤이키넨Marjaana Arovaara-Heikkinen은 아이들과 아주 가깝게 지내고 있다. 그녀는 여러 해 동안 같은 학생을 맡으면 지도하기가 훨씬 쉬워진다고 믿는다.

- 아이들과 더불어 저도 성장하고 있어요. 그 애들이 아주 어릴 때부터 어떤 문제를 갖고 있는지 지켜봤죠. 5년 동안 겪어온 과정을 알고 있으니 그 애들에게 무엇이 최선인지도 잘 알죠. 아이들에게 학교에서는 제가 엄마나 마찬가지라고 말해줍니다.

한국 교육의 성공에는 부모의 헌신적인 뒷바라지가 큰 역할을 했지만 막상 한국인들은 그 가치를 잘 모르고 있다. 부모의 희생과 자녀의 효심은 한물간 구식 문화의 잔재가 아니라 한국의 교육·사회·경제 잠재력의 핵심이다. 이는 국제화되어가는 교육 논쟁에서도 강조되어야 할 점으로, 구체적으로 실현하기는 쉽지 않겠지만 다른 나라에 충분히 '수출'할 가치가 있는 미덕이다.

그러나 자녀 교육에 대한 지나친 투자는 양날을 가진 칼과 같다. 다른 나라에도 아기의 지능 향상을 위해 침대 옆에 모차르트 소나타를 틀어놓는 부모들이 있다. 하지만 한국 부모의 극성스런 자녀 교육은 국제 기준으로 볼 때 다소 지나친 감이 있다. 한국에는 태교 영어 교육을 전문으로 하는 학원이 있을 정도다. 태어나기 전부터 치열한 성적 경쟁이 시작되는 셈이다.

처음부터 아이를 남들보다 앞서나가게 하려는 욕심에, 한국 엄마는 자녀를 취학 전부터 여러 학원에 등록시킨다. 유치원에 들어가면 아침 수업이 오후로 옮겨갈 뿐, 하루에 가야 할 학원의 수는 줄어들지 않는다. 아이가 중학교나 고등학교에 진학하면 과외 학습은 밤까지 연장된다. 정부의 사교육기관 규제로 이런 학원들은 공식적으로 저녁 10시에 문을 닫게 되어 있지만 제대로 이행되고 있는지는 의문이다. 방학 때도 전혀 다르지 않다. 한 보도에 따르면 6주간의 겨울방학 내내 초등학교 3학년 학생은 한 주 평균 48시간을 공부한다고 한다. 그 중 절반 이상은 영어에, 나머지 시간은 수학과 과학에 소비

되고, 남는 시간이 있으면 체육, 발레, 음악, 미술 등 조금은 재미있는 과목을 배운다. 방학 동안에만 수백만 원의 학원비를 쓰는 경우도 있어 가계에 큰 부담이 되고 있다.

이렇게 부모의 지나친 교육열이 한국 공교육 제도의 고질적인 비효율성과 결합하면서, 6~18세 아이들은 공부 외의 활동을 즐길 여유가 거의 없어졌다. 하지만 어린 시절을 교과서에 나오는 지식만 끊임없이 흡수하며 흘려보내야 한다면 너무 안타까운 일이다. 행복하고 의미 있는 어린 시절을 포기한 대가로 성인기의 성공, 행복, 명예를 보장받을 수 있는 것도 아니다.

높은 교육열이 없었다면 한국은 오늘날과 같은 경제 강국으로 성장하지 못했을 것이다. 1962년 이후로 한국의 GDP는 4만 퍼센트 이상 상승하여 지금은 세계에서 13번째의 경제 대국이 되었다. 한국에서 교육은 개인의 출신배경을 극복하고 가난을 물리칠 수 있는 효과적인 신분 상승 수단이었다. 그러나 번듯한 대학이나 직장은 한정되어 있었기 때문에 성공을 위한 치열한 경쟁은 아만다 리플리가 『무엇이 이 나라 학생들을 똑똑하게 만드는가』에서 언급한 '철인 아동 경기'로 이어졌다. 이는 부모와 아이 모두에게 극심한 고통을 주지만 절대 멈출 수 없는 경기이며, 어른이 만든 계급 제도의 틀에 아이들을 끼워 맞추는 극단적인 실력주의 시스템이다. 새로운 대학이 계속 생기는데도 사람들은 최상위 3개 대학에만 집착한다. 경쟁 그 자체가 목표가 되어, 본래의 목표인 '배움'의 가치마저 등한시되고 있는 한국의 현실은 전 세계에 경종을 울리고 있다.

한국의 과도한 경쟁 시스템은 시험 점수에 병적으로 집착하고 사

교육 기관에 지나치게 의존하는 현상을 낳았다. 한국의 높은 PISA 점수는 학교를 효율적으로 운영한 결과가 아니라 학생들의 처절한 노력의 산물이다. 극성스런 부모와 악착같은 학생이 이런 성과를 가져온 것이다. 그런 점에서 한국 PISA 점수의 비결은 교육 시스템이나 커리큘럼보다는 경쟁을 통한 동기부여에 있다고 봐야 한다. 학생 한 명당 할당되는 세금은 미국 학교의 절반이지만, 한국 부모는 자기 주머니에서 꺼낸 돈으로 그 차이를 메운다. 학원비는 물론이고, 정부 보조금으로 감당하지 못하는 공교육비도 일부 부담하고 있다.

'철인 아동 문화'에는 전염성이 있다. 아이와 부모는 공부가 주는 부담을 절대 떨치지 못한다. 그러면서 등수와 시험 점수에 대한 집착이 아이들의 영혼을 짓밟고 수면 시간을 빼앗고 있으며 정신마저 이상하게 만든다고 한탄한다.

부모와 교사는 아이가 받는 교육이 평생에 걸친 인격 발달에 어떤 영향을 줄지 깊이 생각하지 않은 채, 명문대에 진학시키는 것만을 목표로 아이를 가차 없이 몰아친다. 이렇게 '앞서가는 것'만이 교육의 유일한 목표가 되어버리니, 그밖의 교육, 사회, 도덕 문제는 모두 뒷전으로 밀리고 있다. 결국 한국 교육에는 학생은 물론 교사와 부모도 뚜렷한 목적과 방향이 없다는 점이 문제다.

모든 부모는 자랑스러운 아들딸을 원한다. 자녀를 뛰어난 인재로 만들려면 어떻게 해야 할까? 유치원부터 대학까지 우수한 교육을 받는 것이 비결이라고 생각하는 사람들이 많다. 부모들은 이런 사고방식을 갖고 있다. '아이를 좋은 대학에 보내려면 공부를 시켜야 해. 공부를 해야 인생에서 성공할 수 있으니까.' 아이들에게도 이렇게 말한다. "성공하려면 지식을 쌓아야 해." 하지만 교육의 목적과 가치를 이런 식으로만 보는 시각은 너무 좁게 느껴진다. 교육은 인생 전체를 준비하는 과정이다. 따라서 부모는 올바른 가치에 따라 자녀를 교육할 수 있도록 노력해야 한다.

가정은 사랑을 가르치는 학교다. 아마도 인생에서 가장 중요한 학교일 것이다. 가정 안에서 아이들은 깊고 넓은 마음으로 타인을 사랑하는 법을 배운다. 오직 부모만이 해줄 수 있는 사랑과 감정 교육은 아이의 성격을 형성하는 토대가 된다. 가정은 또한 미덕, 규범, 예의를 가르치는 학교다. 가정에서 받는 마음과 양심 교육은 모든 학문 교육, 체육 교육, 기술 교육의 바탕이 된다.

아이들은 사랑하는 법을 교육받아야 한다. 부모가 자녀에게 반드시 지식을 가르쳐야 할 필요는 없지만 사랑에 대해서는 가르쳐야 한다. 엄마와 아빠가 걸핏하면 다투는 가정에서 사랑을 교육할 수 있을까? 부모는 두 사람이 어떻게 조화롭고 행복하게 살 수 있는지 직접 모범을 보여야 한다. 아버지는 어머니를, 어머니는 아버지를 배려해야 한다. 서로를 아끼고 아이들의 존경을 받는 부모가 되어야 한다. 자녀를 편애하지 않고 모두 똑같이 사랑해야 한다. 단기적으로는 아이의 학교 성적을 올리고, 장기적으로 성공하는 인생을 살게 하는 비결은 바로 그것이다.

2

거리 두기의 핀란드 부모
– 워킹맘 베니나와의 만남

백화점 카페에서 베니나 야콥슨을 만나 커피를 마시며 대화를 나눴다. 베니나는 곱슬곱슬한 갈색 머리를 턱선까지 기른 아름다운 여성으로 미소가 특히 눈부셨다. 그녀는 단순하면서도 세련된 디자인의 장신구를 몇 가지 착용하고 있었다. 우리는 린다 코르페이넨의 소개로 만나게 되었다. 베니나와 린다는 공통의 미국인 친구 덕분에 알게 된 사이라고 한다 (베니나의 표현에 따르면 '미국인들은 끼리끼리 모여' 다니니까). 그들처럼 부유층에 속하는 사람들을 보니, 자녀를 국제학교나 외고에 보내려고 영어 과외에 엄청난 돈을 쏟아붓고, 휴가 때마다 유럽 여행을 떠나거나 자녀에게 하버드대학이나 프린스턴대학을 견학시키는 한국 엄마들이 떠올랐다. 하지만 한국에서 본 사람들과 달리 베니나는 느긋하고 검소한 전형적인 핀란드 엄마였다. 그녀에겐 고등학교 1학년생인 16세 아들과, 6학년생인 12세 딸이 있다.

집안일, 자녀 교육, 그밖의 여가생활에 관심이 한정돼 있는 한국의 부유층 엄마들과 달리 베니나는 활동적인 직업여성이다. 그녀는 오랫동안 심리 테스트 개발에 매진해 온 심리학자다. 또 지금은 전문 상담소를 운영하는 동시에 심리치료사가 되기 위해 준비하고 있다. 앞으로 4년을 더 공부한 뒤에 자격시험을 통과해야 한다. 레네 혼자 그녀에게 일방적으로 질문을 던진 것이 아니라 그녀도 레네에게 궁금한 점을 많이 물어보았다. 또 핀란드에 대해 일반화할 때는 매우 신중한 태도를 보였다. 우리가 쓰고 있는 책이며 전공, 한국 학교, 네덜란드에서의 대학생활, 핀란드 학교에 대한 생각 등 모든 것을 알고 싶어했다. 답변을 할 때는 매우 신중했고, 질문의 의도를 분명히 확인한 다음 정확하게 대답하려 노력했다. 대화 내내 많이 웃기도 했다.

레네는 핀란드 학교의 교육 환경을 보고 어떤 인상을 받았는지, 한국 학교에 비해 얼마나 편안해 보였는지 이야기했다. 학생들은 시험을 잘 보기 위해서, 또는 교사나 부모가 시켜서가 아니라 스스로 원해서 공부를 하는 것 같고 분위기도 훨씬 유연하다고 전했다.

- 교사도 학생도 시험을 피해갈 수는 없지만 핀란드에서는 시험 점수보다는 수업 내용을 실제로 얼마나 이해했는가에 더 중점을 둬요.

- 평가를 해야 하니까 어쨌든 시험을 치르긴 하지만 그게 목적

은 아니죠. 등 뒤에서 공부하라고 잔소리하는 사람이 없어도 아이들이 공부를 하는 것 같다는 당신의 말이 인상적이네요. 부정적인 자극을 받거나 부담을 가질 때는 학습 효과가 떨어진다는 연구 결과가 있어요. 그러니 공부를 잘 하려면 일단 마음이 편해야 해요. 그렇지 않으면 정신적, 신체적 긴장을 줄이는 데 모든 에너지가 소모되니까요.

그녀는 아이들이 스스로 공부하도록 이끌어주는 방법은 얼마든지 있다고 강조한다.

- 슈타이너 시스템Steiner system이라고 들어보셨어요? 전통적인 교과서나 학습 방법을 사용하는 대신 사물을 직접 보면서 가르치는 방식이에요. 아이들에게 먼저 스스로 생각하게 하죠.

그녀에게 고등학생 아들이 있었기 때문에 레네는 대학입학시험과 고등학교 기말고사를 어떻게 준비하는지, 부모로서 그 모습을 어떻게 지켜보는지 물었다.

- 고등학생이 되면 공부 부담이 훨씬 커지는 게 사실이지만 1학년 때는 그렇지 않아요. 2~3학년 때는 다르겠지만요. 모두들 알겠지만 공부는 성적을 위해서 하는 게 아니라 배우기 위해 하는 일이잖아요. 저와 생각이 다른 부모나 교사도 있겠지만 고등학생이 됐다고 갑자기 성적에만 신경 쓸 필요는 없다고 봐요.

핀란드 부모가 대개 그렇듯 베니나는 아이와 학교에 대해 깊이 신뢰하고 있다. 하지만 외국 친구들을 보면 태도가 확연히 달라서 놀라곤 한다.

- 여기 사는 미국 엄마들이랑 이야기 해보니까 알겠더라고요. 저랑 생각이 완전히 달라요. 처음에는 '내가 나쁜 엄마였구나' 싶었어요. 저는 그 사람들처럼 아이들의 선생님을 자주 찾지 않거든요. 그들은 학교 일에 정말 열심인 것 같아요. 전 우리 애들이 학교에서 뭘 배우는지도 몰라요. 애들 교과서를 펼쳐보기도 하는데 양이 많아서 자세히 읽지는 못해요. 그것조차 안 하는 부모도 많을 거예요. 물론 아이들 시험지는 확인하고 있어요. 부모가 거기다 서명을 해야 하니까요. 공부를 도와달라고 할 때도 물론 도움을 주고요. 애들이 숙제를 제대로 하는지 확인하는 부모도 있어요. 하지만 우리 애들은 학교에서 말썽을 피우거나 큰 문제를 일으킨 적이 없고 성적도 좋았기 때문에 저는 아이들 숙제 검사를 해본 적이 없어요. 1년에 한두 번 정도 사소한 문제가 생기긴 하지만요.

아이에게 문제가 생기면 학부모, 교사, 학생 사이의 의사소통과 정보 공유 창구로 널리 활용되는 전자 칠판 시스템 '윌마'를 통해 통보를 받는다. 예전에는 아이들이 한국의 알림장 같은 조그만 공책을 갖고 다녔지만, 지금은 문제가 생기면 서로 간에 정보를 교환하기가 훨씬 쉬워졌다고 한다.

- 학교 일은 교사가, 가정에서는 부모가 역할을 다하고 있으니 서로 크게 간섭할 일이 없다는 게 일반적인 생각이에요. 서로 분야가 다르니 어쩔 수 없죠. 하지만 약 10년 전부터 학부모와 교사 사이에 더 많은 교류가 필요하다는 이야기가 나오기 시작했어요. 그 결과 반년에 한 번 교사와 부모가 만나 15분씩 회의를 갖게 됐죠.

그녀는 이 말이 얼마나 어색한지 깨닫고는 웃음을 터트렸다. 여기서도 핀란드인은 급격한 변화나 과감한 해결책을 좋아하지 않는다는 사실을 알 수 있는 것 같다.

다른 사람들 얘기로는 주로 학부모 쪽에서 교사에게 먼저 다가간다고 하는데 베니나의 생각은 달랐다.

- 학교에서 아이가 어떤 문제행동을 하는지 직접 지켜보는 사람은 교사잖아요. 부모는 잘 알지 못하고요. 그래서 교사가 더 적극적이어야 한다고 생각해요. 물론 전화만 한 번 먼저 걸면 되는 일이니 부모가 시작할 수도 있겠죠. 뭐, 애들 선생님에게 먼저 다가가는 게 어려운 일은 아니니까요.

베니나는 현재 부모와 교사 사이의 교류가 지나치지도 모자라지도 않다고 생각한다. 워낙 바쁜 부모들이 많아서 교사가 연락을 너무 자주 하면 달가워하지 않는 사람도 있다고 한다.

- 윌마를 통해 부모에게 얼마나 자주 연락할지는 교사에게 달려 있어요. 이 시스템을 처음 도입했을 때 어떤 교사들은 의욕에 넘쳐 날마다 글을 남기곤 했어요. 하지만 어떤 부모들은 하루 종일 힘들게 일하고 돌아와서 그런 자질구레한 내용까지 읽어야겠냐고 불만을 표시했죠. 모든 걸 보고할 필요는 없고 특별한 공지사항이나 안건이 있을 때만 올려달라는 의견이 많았어요. 기본적으로 교사를 무척 신뢰하기 때문에 가르치는 일에 관한 한 교사에게 모든 걸 맡기겠다는 뜻이죠.

하지만 그런 신뢰가 반대 방향으로 흐르지는 않는다고 한다.

- 신문 독자 의견란을 읽어보면 교사들이 무책임한 부모를 비판한 글이 종종 눈에 띄어요. 아이가 숙제를 하는지 안 하는지 확인도 안 하고, 교사가 연락해도 아무 반응도 없고, 회의도 참석하지 않는 부모가 있어요. 물론 사람마다 사정이 있겠죠.

베니나는 아이들이 학교에서 배우는 내용을 집에서 보충할 필요는 없다고 느낀다.

- 여기서도 미국 엄마들과의 차이가 확연히 드러나죠. 미국 엄마들은 자녀에게 보충 수업이나 다양한 과외활동을 시키지만 핀란드에서는 보통 그렇게 하지 않아요.

그녀는 부모와 교사의 관계에 대한 외국 부모들의 생각은 어떠한지 궁금한 것 같았다. 레네는 대부분의 부모들이 교사와의 교류가 부족하다고 생각한다고 말해주었다.

- 그건 사실이에요. 핀란드 교사는 수준 높은 교육훈련을 받기 때문에 사람들의 신뢰를 받죠. 무능력한 사람들 손에 아이를 10년간 맡겨야 한다는 걱정 따위는 필요 없어요.

베니나는 부모 측의 사정 때문에 어쩔 수 없이 교사에게 모든 걸 맡겨야 하는 경우도 있다고 한다.

- 핀란드 엄마들은 대부분 일을 해요. 그렇다 보니 아이들이 일찍부터 홀로 방치되고 있어요. 다행히 몇 년 전부터 방과 후 활동이 생겨서 부모가 일 끝나고 데리러 올 때까지 아이는 학교에서 시간을 보낼 수 있게 되었죠. 7세 어린이를 서너 시간 동안 텅 빈 집에 혼자 내버려둬서는 안 돼요. 독립하기에는 너무 이르잖아요. 단지 엄마로서가 아니라 심리학자로서 그건 정말 반대예요.

한국에 알려진 소위 '스칸디나비아식 교육'에는 아빠의 역할이 너무 과장되었다고 한다. 베니나에 따르면 아빠가 육아에 관여하는 건 사실이지만 상황이 그리 단순하지만은 않다고 한다.

- 아빠가 항상 아이 곁에 없는 건 아니에요. 하지만 부모 중에서는 아무래도 아빠가 바깥일을 더 많이 하다보니 엄마가 집에 있는 시간이 더 길어요. 하지만 핀란드인은 대체로 다른 나라 사람들처럼 오래 일하지 않기 때문에 10시간, 12시간, 14시간을 일하는 아빠는 거의 없어요. 예외는 있지만 대부분 9시부터 5시까지 근무한 다음에는 바로 집으로 와요. 저녁 내내 집을 비운다거나 하진 않죠.

- 세대 간의 차이도 눈여겨볼 만해요. 젊은 아빠들이 육아에 훨씬 더 적극적이죠. 이웃에 우리보다 6~7살 젊은 부부가 사는데 그 집 아빠는 확실히 다르더라고요. 우리 아이가 어렸을 때 남편은 육아에 별로 참여하지 않았어요. 하지만 이웃 아빠와 요즘 젊은 남자들을 보면 아이가 아주 어릴 때부터 자녀 양육에 많이 참여하더라고요. 제 남편도 우리 아버지 세대보다는 훨씬 나아요. 이유는 잘 모르겠지만 아무튼 그런 방향으로 변하고 있어요. 언론에서 이 문제를 자주 다루기 때문인지도 모르죠. 전쟁의 역사와 관련이 있는지도 모르고요. 불과 몇 세대 전에 한 세대의 남자 전부가 몇 년간 집을 떠난 적이 있죠. 아예 못 돌아온 사람도 있고, 살아 돌아온 사람들도 한동안 전쟁 후유증에 시달렸어요. 그런 경험이 아버지 세대에 영향을 주었을지 몰라요. 이제는 아빠들도 밖으로 돌던 습관을 버리려 노력하고 있어요.

베니나는 부모들이 갈수록 자녀들을 다정하게 대하고 더 많은 애정을 쏟는 것은 사실이지만 이런 경향을 일반화하기는 어렵다고 한다.

- 예전보다는 확실히 나아졌어요. 2~3세대 전 과거에는 알아서 자라도록 아이들을 그냥 내버려뒀죠. 하지만 이제 우리는 아이들도 자기만의 욕구를 지닌 완전한 인격체고, 아이를 어떻게 대하느냐에 따라 결과가 크게 달라진다는 사실을 이해하게 됐어요. 너무 일반화하는 것 같지만 우리나라 사람들은 애정 표현을 잘 안 하는 편이라 이런 변화가 생소하게 느껴져요. 몇 세대 전만 해도 남들 앞에서 아이에게 키스하는 것조차 좋게 봐주지 않았어요. 그런 모습을 보면 사람들은 아이를 너무 애지중지해서 응석받이로 만들고 있다고 핀잔을 주었을 거예요. 예외는 있겠지만 일반적인 경향은 그래요.

- 하지만 요즘은 이런 경향이 너무 극단으로 치닫고 있는지도 모르겠어요. 가족 모두 아이 비위를 맞추다보니 아이가 폭군처럼 제멋대로 군다고 해요. 투정을 너무 받아주니까 가정 내에서 통제가 안 되는 거죠. 최근 언론에서도 이 문제를 심각하게 다루고 있어요. 제가 보기엔 모든 현상은 진자와 같아서 균형을 찾기 전까지 한 극단에서 다른 극단으로 오가는 것 같아요. 일부 선생님들도 어린 폭군들 때문에 힘들다고 하소연을 해요. "안 돼"라는 대답을 도저히 받아들이지 못하거나, 이기주의가 너무 심해서 친구들과 아예 어울리지 못한다는 아이들도 있

다고 해요. 원하는 게 있으면 다른 사람 사정은 전혀 고려하지 않고 무조건 자기 뜻대로 해야 한대요.

핀란드의 가족은 많은 시간을 함께 보내지 않느냐고 묻자 베니나는 한참 생각에 잠겼다.

- 다 그런 건 아니에요. 일반화하자면 오히려 시간을 함께 보내지 못하는 가족이 많다고 말하고 싶어요. 핀란드어를 쓰는 가정과 스웨덴어를 쓰는 가정 간에도 차이가 있어요. 제 의견이라기보다 실제 조사된 결과인데요, 스웨덴어를 쓰는 가정의 경우 핵가족, 확대가족 할 것 없이 가족끼리 함께하는 시간이 훨씬 많다고 해요. 그래서 핀란드어 사용자들보다 건강하고 수명도 길답니다. 사회생활도 적극적이고 가족 관계도 돈독하니까요.

스웨덴어 사용 인구는 주로 수도권이나 서부 해안에 분포한다. 베니나는 성인이 된 후 그 지역에 놀러 갔다가 핀란드어를 거의 사용하지 않는 것을 보고 놀랐다고 한다. 베니나가 스웨덴어만을 쓰는 자치군도 알란드에서 받은 인상에 대해 이렇게 설명했다.

- 핀란드인을 그린 만화책이나 캐리커처를 보면 주로 내향적이고 의심 많은 사람들로 묘사되고 있어요. 커튼을 내리고 집 안에 틀어박혀서 누구와도 교류를 하지 않는다고요. 저는 핀란드가 신생국이라는 사실과 관계가 있다고 생각해요. 불과 수십 년

전만 해도 우리는 모두 숲 속 오두막에 살았고, 낯선 사람은 위협이 될 가능성이 높았죠. 아직도 당시의 사고방식을 버리지 못하고 새로운 것만 보면 자신의 오두막에 위협을 주는 존재가 아닌지 덮어놓고 의심부터 해요. 하지만 여러 세대에 걸쳐 도시에서 살아온 사람들은 시골 출신들과 달라요. 물론 스웨덴어를 쓰는 사람들도 그렇고요.

레네는 잘 모르는 사람을 일단 경계하고 보는 태도를 러시아에서도 겪을 만큼 겪어보았다.

- 핀란드 사람들은 대체로 사회성이 부족해요. 무례하다는 오해를 받기도 하죠. 예를 들어 당신이 이웃에게 빵을 만들어줘도 그것이 정말 놀랄 만큼 맛있지 않는 한 칭찬은 기대할 수 없어요. 핀란드인은 쓸데없는 잡담은 안 하는 게 좋다고 생각해서인지 정말 마음에 있는 말만 해요. 하지만 빵이 맛이 없다면 아무 말도 하지 않아요. 인사치레 따위는 절대 하지 않죠. 핀란드 사람들이 개선해야 할 점이 아닌가 싶어요. 조금 내키지 않더라도 예의를 차려서 나쁠 건 없잖아요.

어린아이나 십대 자녀와 마주앉아 흡연처럼 심각한 주제에 대한 이야기를 나누는 것을 어떻게 생각하느냐고 묻자 베니나는 다시 생각에 잠겼다.

- 십대가 다 된 제 딸이 어떤 옷을 입을지 고민하고 있으면 저는 옆에서 "그게 좋은데", "저 옷이 더 예쁘겠다"라고 한 마디씩 거들어요. 대부분의 부모는 자녀 일에 관심이 많고 함께 아이의 문제에 대해 진지한 얘기를 나누고 싶어 하죠. 교사들도 아이에게서 문제를 발견하면 부모에게 곧장 알려주고요.

레네와 대화를 진행하는 내내 베니나는 심리학자답게 자신의 말은 주관적인 의견일 뿐이며 정확한 사실은 실제 연구 데이터를 확인해봐야 한다고 강조했다. 또 그녀는 레네가 핀란드에서 만나는 사람들의 교육 수준과 주위 인맥에 따라 그들에게서 들을 수 있는 답변 역시 달라질 거라고 덧붙였다. 대화를 마치고 일어설 때 보니 베니나는 무척 아름다운 코트를 입고 있었다. 격식 있는 그녀의 행동에 핀란드인의 기품이 느껴졌다.

3

선량한 핀란드인의 전형
- 핀란드 대디 하누와의 만남

레네가 핀란드에 도착한 다음 날 하누 하시넨Hannu Hassinen을 만났다. 하누와는 오후 3시 30분경에 만나기로 약속했는데 기차를 탈 무렵에는 놀랍게도 이미 날이 어둑어둑해진 데다가 비까지 내리고 있었다. 도착해보니 다행히 하누가 레네를 맞으러 기차역에 나와 있었다. 그는 키가 크고 호리호리했으며 두 뺨은 움푹 패여 있었다. 녹색 모자에 배낭을 멘 차림이었다. 그의 체격을 보니 레네는 아빠를 떠올랐다. 매우 신뢰가 가는 인상이었다.

레네로서는 하누에게서 핀란드 교육에 대한 두 번째의 집중강의를 들었다. 첫 강의의 강사는 네덜란드에서 대학을 다닐 때 만난 핀란드 친구 이다Ida였다. 하누는 핀란드의 특징과 문화, 그리고 이 나라 교육의 역사에 대해 자세히 들려주었다. 지금 생각해보니 그는 레네가 핀란드에 머무는 동안 개인 여행가이드 겸 가장 든든한 동반자

노릇을 해준 사람이었다.

- 교육 제도는 그 나라의 문화와 깊은 관계가 있어요. 그래서 하나를 이해해야만 다른 것을 이해할 수 있죠.

하누는 핀란드인의 교육관은 종교적 배경, 즉 루터교에 뿌리를 둔다고 설명했다.

- 교육을 처음으로 강조한 것이 바로 루터 교회였어요. 루터교는 평등을 강조하고, 계급을 부정했으며, 성실한 노동, 겸손 등의 가치를 중시했죠. 또 사람들에게 창의력과 호기심을 갖고 배움에 열정을 쏟게 했어요. 1860년대에 주로 활동한 루터교 성직자 우노 시그나에우스Uno Cygnaeus가 바로 핀란드 교육 제도의 창시자라 할 수 있어요.

시그나에우스는 핀란드 초등 교육의 아버지로 불린다. 그는 핀란드가 러시아의 통치를 받기 시작한 다음해인 1810년에 태어났다. 상트페테르부르크와 당시만 해도 러시아의 영토였던 알래스카에서 교육자로서의 경험을 쌓고 교육 철학을 접하면서 교육에 대한 가치관을 정립했다. 1850년대에 러시아 황제는 핀란드 공교육의 재정립을 약속했고, 이때 시그나에우스는 시민들의 의견을 수렴하여 개혁안을 완성했다. 1년 뒤에 그는 국가 교육 개혁을 총괄하는 임무를 맡게 된다. 우선 이웃 나라를 방문해 그들의 교육 제도를 살펴보았다. 무엇보다 그는 놀이와 만들기 교육의 중요성을 처음으로 인식하여 교육과정에 반영했다. 또한 학교에서 출신 배경에 따른 차별을 없애고, 여성 교육과 교사 양성, 어린이 보육을 강화하는 데 기여했다.

하누는 핀란드의 교육 제도가 다른 나라에서 생각하는 것만큼 완벽하지는 않다고 했다. 그때까지만 해도 레네에게 그런 말은 전혀와 닿지 않았다. 핀란드 교육에 대해 레네가 아는 것이라곤 한국어와 영어 웹사이트에서 찾은 정보가 전부였는데, 그 내용은 칭찬 일색이었다.

- 핀란드에서 교사는 훌륭한 대우와 사회적 존경을 받는 직업이에요. 하지만 요즘은 교사의 권위도 예전만 못해요. 부모들부터가 자녀에게 권위를 세우지 않으니, 가정의 분위기가 학교에도 영향을 미치고 있죠. 핀란드에는 대체로 위계질서가 없어요. 한편으로는 그런 점 덕분에 공무원과 정책입안자에게 쉽게 다가갈 수 있지만, 어른을 존경하는 마음이 갈수록 줄어든다는 단점도 있어요. 교육 제도가 아무리 훌륭해도 가정이 제 구실을 못하면 아무 소용이 없죠. 개방적이고 따뜻한 학교도 좋지만 어느 정도 기강은 잡혀 있어야 해요.

하누는 도덕성과 가치관이 확고한 사람이었다. 레네에게 숙소를 제공해주고 하누를 소개해준 바바라는 "하누는 핀란드인 중에서도 유난히 도덕적이에요. 정말 괜찮은 사람이죠"라고 말했다. 하누의 이야기를 들어보니 바바라의 말에 공감이 갔다. 하누의 자녀 중 둘은 결혼했고, 아들 안토Antto는 한국의 대학에서 한 학기를 공부할 예정이라고 했다.

하누는 레네를 쿨로사리 중등학교 공개 수업에 데려갔다. 하누의 자녀들도 동행했다. 정문 앞에서 몇몇 부모들이 중고 만화책이나 CD를 팔고 있었다. 조금 더 들어가보니 간식과 샌드위치를 파는 엄마들이 보였다. 학부모회 운영비를 마련하기 위한 활동이었다. 알고보니 하누는 학교 일에 매우 적극적인 아버지였다. 가판대를 지키던 엄마 몇 명이 그를 알아보았다. 하누는 레네에게 양해를 구하고는 잠시 그들과 이야기를 나눴다. 함께 학교 건물을 둘러보다가 하누는 학교 벽에 당당히 걸려 있는 졸업반 학생들의 대형 사진을 자랑스레 가리켰다. 하누의 딸이 친구들에게 둘러싸여 미소 짓고 있는 사진이었다. 사진 속 학생들은 모두 책을 손에 들고 있었다.

레네는 공개 수업 참관을 마친 후 하누와 함께 식사를 하러 가기로 했다. 쿨로사리는 헬싱키 바로 동쪽에 있는 섬이다. 공교롭게도 그날 이곳에 정전이 생겨 대중교통이 일시적으로 마비되는 바람에 마땅한 장소를 찾아 한참을 걸어야 했다. 하누는 가는 길에 헬싱키의 주요 지형물에 얽힌 이야기를 들려주었다. 하누의 제안으로 한국 식당에 들어갔다. 두 사람 다 고기를 별로 좋아하지 않아서 채식 비빔밥을 주문했다. 저녁을 먹으며 하누는 부모가 자녀의 학교 일에 어떤 식으로 참여하는지 설명해주었다.

- 학교위원회는 전체 부모의 약 3분의 2 정도로 구성돼요. 예산 편성, 학교 급식, 아이들에게 가르칠 외국어 선정은 물론 교사

채용에도 관여해요. 교사후보자 면접 때는 학교위원회의 학부모 회장이 교장과 함께 면접관으로 나선답니다.

• 각 학교별로 학부모회가 있고, 도시나 지역 차원에는 지역 학부모회가 있어요. 이런 모임을 통해 다른 학교와는 물론, 지역 공동체나 교육당국과도 서로 협력하죠. 전국 차원에는 핀란드 학부모 연맹이 있어요. 약 1천4백 명의 학부모회 회원으로 구성되죠. 정부는 교육 정책을 결정하기 전에 학부모의 의견을 물어봐요. 핀란드 행정부는 특히 10여 년 전부터 비정부조직과 시민사회의 참여를 적극 권장하고 있어요. 그들을 건설적인 동반자로 인정하고 교육정책을 결정할 때도 그 입장을 충분히 반영합니다. 상호 존중을 바탕으로 개개인의 의견까지도 진지하게 검토하는 분위기가 형성되었어요.

하누도 한때 이런 모임에서 적극적으로 활동했다. 그는 아이들이 다닌 4개 학교에서 모두 학부모회에 참가했다. 학교위원회에서도 두 학기씩 총 8년간 활동했다. 학교위원회 회장직도 한 차례 맡은 적이 있지만, 다른 학교에서 요청이 들어왔을 때는 거절했다고 한다. 핀란드 학부모 연맹에도 6년이나 참가했다. 그는 학부모로서 교육 문제에 18년이나 관여해온 셈이다. 그는 다른 부모들과 함께 일하는 법을 잘 알고 있다.

• 부모로서 무척 의미 있는 경험이었어요. 그때 학교위원회 회장

을 거절한 이유는 다른 부모에게 그 경험을 양보하고 싶어서였죠. 당시에 저는 다른 부모들에게 어떻게 영향을 줄 수 있을지 고민을 많이 했어요. 다른 사람들의 생각을 일깨워 긍정적인 변화를 만들어내고 싶었거든요.

아버지 중에는 참여가 활발한 사람이 그리 흔하지 않다고 한다. 참여 부족이 문제라기보다 자녀 교육에 부모의 역할이 얼마나 중요한지 이해를 못하는 사람들을 보면 하누는 무척 안타깝다. 그는 부모들이 교사나 학교와 더욱 원활히 교류하고 협력하면서 부모로서의 책임을 다하길 희망한다.

- 열심히 활동하는 사람은 주로 어머니들이에요. 하지만 대부분의 부모는 여전히 가정과 학교의 교류가 얼마나 중요한지 모르고 있어요. 통신 기술이 충분히 발달하지 못했던 시대처럼 아이를 통해서만 교류할 게 아니라 어른들끼리 직접 연락을 주고받아야 해요. 문제가 생겼을 때는 물론 바람직한 변화에 대해서도 이야기를 나눌 필요가 있어요. 그렇게 하면 서로 간에 신뢰를 형성하여 문제 발생을 사전에 예방하고 학습장애도 미리 진단할 수 있지요.

하누는 가장 기억에 남는 성과로 딸아이의 학교에서 추진한 음주·흡연 예방 프로젝트를 꼽는다. 하누가 주도적으로 시작했지만 결국 4학년 학생과 부모 전원이 동참하게 된 활동이라고 한다.

- 어린 학생들은 사회의 영향이나 또래의 압력 때문에 흡연이나 음주를 시작하는 경향이 있어요. 12~14세만 돼도 흡연과 음주에 손대는 아이들이 생기니까 문제가 불거진 다음에 고민하기보다 사전에 조치를 취하는 게 중요해요. 핀란드 내의 통계자료에 따르면 첫 음주·흡연의 25퍼센트는 또래 친구들과 함께 집 밖에서, 25퍼센트는 학생 본인의 집에서(심지어 부모가 있을 때도요), 25퍼센트는 친구 집에서, 나머지는 기타 장소에서 경험한다고 해요. 아직 4학년밖에 안 된 어린아이들이었지만 우리는 실제로 문제가 생기기 전에 미리 조치를 취하기로 했어요. 일단 문제가 생기고 나면 통제하기 힘들어지니까요.

- 그래서 우리는 아이들에게서 초등학생 시절에 술과 담배를 하지 않겠다는 서약을 받았어요. 아이와 부모가 모두 서명을 해야 했죠. 또래 압력을 줄이기 위해 다른 친구들에게도 강요하지 않기로 약속도 했고요. 아이들이 책임감을 갖고 서로를 도울 수 있게요. 누구나 참여하고픈 마음이 생기도록 서약문의 단어는 아주 신중히 선택했죠. 모두 자발적으로 참여하고 노력하게 만드는 것이 가장 중요하니까요.

- 이 아이디어가 나온 즉시 학부모와 교사가 모여 회의를 열었어요. 그 학급의 학생은 24명이었는데 부모 12명이 참석했어요. 나머지 12명에게는 학급 소식지를 통해 회의 내용을 전달했죠. 부모 중에도 흡연이나 음주를 하는 사람들이 있으니까 부모의

참여부터 유도해야 했어요. 조금 전에 말했듯이 자기 부모나 친구 부모 앞에서 처음으로 흡연과 음주를 경험하는 아이들도 있죠. 그런 부모에게 창피를 주거나 손가락질을 하려는 게 아니라 아이들에게 모범이 될 수 있도록 설득하는 것이 목표였어요. 적어도 아이 눈앞에서는 흡연과 음주를 하지 않게요. 아이가 자신의 전철을 밟는 것은 원하지 않을 테니까요. 우리의 노력 덕분에 학생과 부모 전원이 협약에 서명했어요. 결과는 매우 성공적이었어요. 담임선생님도 무척 좋아하셨죠. 교직에 오래 몸담으셨지만 그것이 교사생활 최고의 성과라고 말씀하셨어요. 아이들도 책임감을 갖고 참여했고요. 한 아이가 다른 친구들에게 흡연하는 모습을 들키자 친구들의 질책이 두려워 황급히 그곳을 떠났다고 해요. 다른 학급에도 소문이 나는 바람에 이 프로그램은 4학년 4개 반 전체로 확대되었어요. 총 98개 가정이 긍정적인 참여 의사를 밝혔죠. 곧이어 인근 학교에도 퍼져나갔고 지금은 헬싱키 지역의 학교에서도 이 프로그램을 선택적으로 실시하고 있어요.

- 이 아이디어가 원활히 실현된 데는 몇 가지 이유가 있다고 생각해요. 부모의 주도로 기획했고, 처음부터 선생님에게도 알려서 자연스럽게 협조를 이끌어냈죠. 사실 선생님들의 부담도 덜어드린 셈이잖아요. 선생님들은 학부모를 교육의 동반자로 생각하지만 안타깝게도 모든 부모들의 생각이 같지는 않아서 교사들에게 책임을 미뤄버리기도 하거든요. 우리 아이디어에 선

생님들이 큰 관심을 보인 이유는 그 때문이라고 생각해요. 부모가 교육에 주체적으로 기여할 수 있다고 생각하니 더욱 의욕이 생겼어요. 결국 4학년생 자녀를 둔 98개 가정에서 협조를 이끌어냈죠. 놀라운 결과였어요. 따지고 보면 우리의 참된 열정, 부모·학생·교사 등 모든 관계자의 역할 존중, 철저한 사전 준비 등 다양한 요소가 빚어낸 성과였죠.

신앙인인 하누는 다른 기독교인 어머니 2명과 함께 학급을 위해 기도했다고 한다. 그는 이 역시 성공의 원인이었다고 믿는다.

레네가 핀란드에서 지내는 동안 인터뷰가 잡혀 있지 않을 때면 문화 체험에 열중했다. 혹독하게 추운 어느 토요일 오후 레네는 하누와 함께 핀란드 국립박물관을 찾았다. 핀란드의 1950년대를 담은 사진 전시회, 헬싱키의 항구 투어, 그 밖의 관광 명소 관람은 이미 마친 후였다. 하누는 핀란드와 그 국민을 이해하고 싶으면 역사를 이해해야 한다고 했다. 그는 마침 그날이 처제의 생일날인데 파티 장소가 멀어서 조금 일찍 나서야 할지도 모르겠다고 미리 얘기했다. 레네는 진작부터 박물관을 가야겠다고 벼르고 있었지만 이왕이면 하누처럼 친절하고 박식한 여행가이드이자 유쾌한 동반자와 함께 하고 싶다는 생각에 그날을 택한 것이었다. 박물관 안내가 대부분 핀란드어로 진행된다는 점도 좋은 핑계거리였다.

핀란드 국립박물관은 헬싱키 중심부에 있는 오래된 건물로, 외관은 마치 고성古城 같았고 여섯 구역으로 나뉘어 있었다. 하누는 스웨덴 통치 시대부터 제2차 세계대전에 이르는 핀란드의 역사를 간략하게 설명해주었다. 이 박물관은 그다지 활기가 넘치거나 현대적이지는 않았지만 인내심을 갖고 설명 문구를 꼼꼼히 읽어보면 풍부한 지식을 얻을 수 있다는 점에서 한국의 역사박물관들을 연상시켰다.

선사 시대를 건너뛰고 곧장 오래된 창과, 뼈로 만든 스키가 전시된 중세관으로 걸음을 옮겼다. 스웨덴 왕국 시대와 러시아 제국 시대의 전시물을 둘러보니 이 민족이 어떻게 주변 강대국에 맞섰는지 알 수 있었다. 하누가 거의 모든 역사적 사실을 외우고 있었기 때문에 박물관 설명 자료를 읽어볼 필요가 없었다. 다음에는 20세기의 역사를 한눈에 볼 수 있는 전시관으로 들어갔다. 나라의 주권을 지키기 위해 소련에 맞서 싸운 전투 장면, 핀란드 병사들이 눈 속에서 군복을 위장하려고 입었던 흰 외투, 제2차 세계대전 이후 국가의 성장 동력이 되었던 독특한 발명품들, 헬싱키 하계 올림픽 관련 자료, 제1회 미스 유니버스에 참가하여 대회 역사상 첫 우승자가 된 핀란드 미녀 아르미 쿠셀라Armi Kuusela에 관한 기록물 등이 전시되어 있었다. 올림픽과 미스 유니버스는 모두 1952년에 열린 행사였다.

그중 가장 인상적이었던 전시실은 '땅과 사람들'이라는 공간이었다. 이곳에 들어서면 우선 널찍한 흰 벽에 영사된 핀란드의 자연이 눈길을 사로잡는다. 호수와 늪지, 산들거리는 자작나무와 소나무, 탁 트인 평원과 초원의 모습이 보였다. 하누와 함께 한참 동안 스크린을 바라보면서 레네는 기억 속 다양한 장소와 시간들을 떠올렸다. 벽 위의 풍경은 러시아에서 보낸 어린 시절을 연상시켜 전혀 낯설지 않았다. 그곳의 이미지는 레네의 뇌리에 깊이 파고들었다.

레네가 그 풍경을 보면서, 사람들은 누구나 어릴 때 성장한 곳을 그리워하는 것 같다고 했더니 하누는 이렇게 대꾸했다.

- 젊은 시절에 나는 농부가 되고 싶었어요. 땅에 깊은 애착을 느꼈고 소박한 삶을 살고 싶다고 생각했죠. 나이 지긋한 부부의 일손을 도우며 농장에서 생활한 적도 있어요. 일하는 대가로 돈 대신 음식과 숙소를 제공받았죠.

하누는 같은 전시관에 설치된 통나무집 모형 안으로 걸어 들어갔고 레네는 밖에서 그 모습을 지켜보았다. 그 집 안에는 양수기와 개수대, 굴뚝이 없는 특수한 벽난로, 거친 나무 벤치와 테이블이 놓여 있었다. 내부는 아주 단순했지만 튼튼해 보였다. 그는 오랫동안 집을 떠났다가 돌아온 사람처럼 천천히 한 바퀴를 둘러보더니 주위 환경이 왠지 익숙하다며 놀라워했다. 마치 자기 집에 있는 듯 편안해 보였다. 하누야말로 선량한 핀란드인의 전형이었다.

4

결코 다르지 않다
– 특수 교육

교육 과정이 올바른지 판단하는 기준은 아이의 행복이다.
교사가 유능한지 판별하는 기준은
'교사가 없어도 아이들이 잘 하고 있는가'이다.
–마리아 몬테소리Maria Montessori

학교에서 특별한 보살핌이나 주의가 필요한 아이들을 돌보는 방법은 나라마다 다르다. 안타까운 일이지만 여전히 여러 나라에서 정신적, 신체적 장애를 수치스럽게 여기고 있으며, 장애인을 따돌리거나 괴롭히는 일도 종종 일어난다. 미국에서도 특수학급 아이들은 놀림에 시달릴 때가 많다. 학생들은 능력이 뒤처지는 또래에게 '멍청이' 대신 '지체아'라는 표현을 쓰도록 교육받지만 당사자에게는 어떤 용어든 좋게 들릴 리가 없다.

장애인을 푸대접하는 대신 숭고한 투사나 영웅처럼 떠받드는 풍조도 바람직하지만은 않다. 2014년 4월, 시드니에서 열린 TEDx 컨퍼런스에서 코미디언이자 기자 스텔라 영Stella Young은 '미안하지만, 나는 영감을 주는 사람이 아니에요'라는 제목의 연설을 했다. 영은 뇌성마비 환자로 체구가 작고 휠체어를 타고 다닌다. 하지만 한 소도시에서 평범하게 성장했고 학교 성적도 좋았다. 성인이 된 그녀는 어느 날 한 고등학교에서 학생들에게 법학 강의를 하고 있었다. 강의 시작 후 약 20분 뒤에 한 남학생이 손을 들더니 이렇게 물었다.

- 저기요 선생님, 영감을 주는 연설은 언제 시작하실 건가요? 휠체어를 탄 사람이 학교에 오면 보통 동기부여 강연을 하잖아요.

그녀는 이런 반응 역시 장애인을 업신여기는 태도에서 나온다고 말한다. 장애인을 '영감'으로 보는 시각은 그들의 삶이 지금보다 훨씬 비참해야 마땅하다는 인식을 은연중에 드러내는 것이다. 어느 나라에서나 흔히 볼 수 있는 태도지만 문제가 많다.

장애인에 대한 낙인은 아시아 국가에서 특히 심각하며 한국도 예외가 아니다. 신체적·정신적 장애인의 차별을 없애자는 사회 인식 제고 캠페인을 통해 이런 사고방식을 개선하려는 노력은 계속되고 있다. 레네는 이렇게 말한다.

- 한국 학교를 다닐 때 우리 반에 난독증이나 자폐증 학생이 있을 수도 있다는 생각은 한 번도 해본 적이 없어요. 그 학생들이 어떤 보살핌을 받고 있는지도 몰랐고요. 누가 그런 얘기를 입 밖에 내는 걸 들어본 적이 없으니까요. 그런 학생이 있었다면 다들 쉬쉬하며 숨기기 바빴을 테죠. 제가 아는 사람은 자기

가 분명히 외동딸이랬는데, 나중에 다른 사람 말을 들으니 그녀에게 남동생이 있다는 거예요. 전 충격을 받았어요. 특별히 가까운 친척이나 친구들이 아니면 동생이 장애인이라는 사실을 숨겼던 거예요.

이런 태도는 바뀌어야만 한다. 특별한 도움이 필요한 학생의 교육에 대해서는 한국인을 비롯한 전 세계인의 인식 전환이 필요하다.

이와 대조적으로 핀란드에서는 특수 교육에 대해 전혀 특수할 것도 창피할 것도 없다고 생각한다. 대부분의 학생들이 학생 시절에 어떤 형태든 특수한 교육을 거친다. 사실 특수 교육이 너무 보편적이라 학창시절에 특수한 관심을 한 번도 받아본 적 없는 학생이 더 '특수'하다고 할 정도다. 누구나 반드시 거쳐야 할 과정으로 받아들이며 그것 때문에 따돌림이나 괴롭힘을 당하는 학생도 없다. 학생들은 특수 학급에 배정되어도 벌을 받는다고 생각하지 않는다. 반면 한 스웨덴 학생은 이렇게 털어놓았다.

- 저는 자존심 때문에 선생님에게 도와달라고 부탁한 적이 없었고, '특별한 도움'을 받는 게 수치스럽다고 생각했어요. 고등학교 3학년이 되기 전까지는 선생님께 질문도 잘 하지 않았고요. 저처럼 생각하는 학생이 많다는 게 오히려 문제겠지만요.

한국의 영어 원어민 교사에게 들은 이야기도 있다. 한 학년에서 학생들의 실력별로 반을 나눌 때는 반의 수준을 숨기기 위해 반마다 번호 대신 이름을 붙인다고 한다. 그래도 학생들은 결국 우수반과 열등반이 어딘지 알아내고야 만다. 그렇게 반의 정체가 밝혀지고 나면 골치 아픈 일이 생긴다. 학생과 학부모가 찾아와 무조건 수준 높은 반으로 보내달라고 떼를 쓴다는 것이다. 반을 옮기는 것이 학생의 공부에 얼마나 도움이 될는지는 상관없다고 한다.

핀란드인은 문제가 누적되어 점점 더 악화되지 않도록 조기에 진단하고 개입하는 방법을 선호한다. 일반 교사는 학생에게 문제가 있다 싶으면 바로 특수 교사에게 알린다. 이 과정을 '최초 개입'이라고 부른다. 교사들은 머리를 맞대고 문제 학생을 위한 맞춤형 학습 계획을 세운다. 문제 학생은 친구들과 부분적으로 다른 교과 내용을 배우고, 일부 수업에서는 분리된 공간에서 따로 지도를 받는다. 핀란드의 모든 학교에는 교장, 특수 교사, 보건 교사, 심리학자·상담 교사, 담임 교사로 구성된 학생복지팀이 있다.

쿨로사리 중등학교의 린다 에클뢰프에 따르면 배우는 속도가 더뎌도 정규 수업을 그럭저럭 따라갈 수는 있는 학생들은 표지는 같고 내용이 다른 교과서를 쓴다고 한다. 특별 지도를 받아야 한다는 사실을 떠벌리지는 않지만 굳이 감추지도 않는다. 도움이 필요한 학생이 있으면 수업 시간에 보조 교사나 특수 교육 교사가 함께 한다. 평범한 학생이라도 특정 과목을 잘 따라가지 못하면 교사들은 별도로 개인 지도나 보충 수업을 할 수 있다. 물론 교사들은 거기에 따른 보상을 받는다. 학교마다 많게는 한 해에 4만7천 유로를 지원받아 보조 인력과 특수 교육 교사를 채용한다. 특수 교사는 일반학급 교사보다 급여가 조금 높다. 일반 교사와 달리 교사 교육을 6년간 받아야 하고 업무 역시 조금 더 까다롭기 때문이다. 지능에는 아무 문제가 없지만 언어 장벽 때문에 수업을 이해하기 힘든 이민 가정 아이들도 학습 속도를 따라갈 수 있게 특별한 언어 수업을 받는다.

지난 10년간 핀란드 교육의 주된 목표는 모든 아이를 주류에 편입시키는 것이었다. 이러한 핀란드식 접근 방법은 금발과 푸른 눈의 전형적인 루터교도 이외의 학생들에게 특히 의미가 있다. 태국에서 얼마 전에 이민 온 7세 아이처럼 핀란드어를 한 마디도 할 줄 모르는 아이가 그 예다. 이 아이는 다문화 학습 전문가가 진행하는 특수 '준비반'에서 수학을 공부했다. 아이들이 언어에 숙달되기 전에 다른 과목을 따라갈 수 있도록 설계된 수업이다. 핀란드의 정책에 따라 중증 장애인을 제외한 모든 학생이 일반교육을 받는 학생과 섞여 있다. 가장 심각한 중증 장애인들은 직업학교에 부속된 기관에서 교육받는다. 핀란드 고등학생의 43퍼센트는 직업학교를 다니면서 레스토랑, 병원, 공사장, 사무실 등에서 일하는 데 필요한 교육을 받는다.

핀란드 교사는 아이들에게 적합하다고 생각하는 교육 방법을 나름대로 시도해볼 수 있다. 헬싱키의 서부 외곽에 위치한 도시 에스푸의 키르코야르비 종합 학교에서, 학교 교장이자 베테랑 교사인 카리 로우히부오리는 핀란드의 기준에서 볼 때 극단적인 실험을 단행했다. 코소보 알바니아 출신의 6학년 남학생 하나가 선생님의 갖은 만류도 듣지 않고 학업과 담을 쌓으려 했다. 학생복지팀의 조언을 들은 로우히부오리 교장은 이 학생의 문제가 게으름만은 아니라는 확신을 갖게 됐다. 그래서 그는 학생을 1년 유급시키기로 결정했다. 핀란드에서는 거의 없어졌다고 할 만큼 보기 드문 조치였다.

그 결과 13세의 베사르트 카바시는 왕족이나 누릴 법한 호사스런 개인 교습을 받게 됐다. “저는 그 해에 베사르트의 개인 가정교사가 되기로 했어요.” 비틀즈의 ‘노란 잠수함’ 포스터가 붙어 있고 벽장에 전자 기타가 들어 있는 개인 사무실에서 로우히부오리가 이렇게 설명했다. 과학, 지리, 수학 수업이 없을 때면 베사르트는 9~10세 교실 안에 있는 로우히부오리의 책상 옆에 앉아, 높이 쌓인 책더미에서 골라온 책을 한 권씩 천천히 읽었다. 그해 연말 즈음에는 코소보 전쟁 난민의 자녀 베사르트도 자신을 받아준 나라의 모음이 풍부한 언어를 마스터하게 됐고, 자신도 뭐든 배울 수 있다는 사실을 깨닫게 되었다.

세월이 흘러 스무 살이 된 베사르트는 키르코야르비 학교의 크리스마스 파티 날 코냑 한 병을 들고 밝은 얼굴로 나타났다. “선생님 덕분이에요.” 그는 은사에게 이렇게 감사를 표시했다. 베사르트는 자기 힘으로 자동차 수리 업체와 세탁소를 개업했다고 한다. 로우히부오리는 이렇게 말했다.

- 저희가 대단한 일을 한 건 아니에요. 아이들이 자립할 수 있도록 도와주는 게 바로 우리의 임무니까요.

키르코누미 초등학교에도 다양한 특수 학급이 있었다. 음악에 재능 있는 학생들을 위한 음악반도 있었다. 아이들은 일정한 학년이 되면 그 반에 계속 남아 있을지 결정하기 위해 리듬감과 음감 테스트를 받는다. 이 반은 다른 반보다 음악 수업이 많고 학교에서 악기도 배울 수 있었다. 핀란드 이민자 자녀를 모아놓은 반도 있었다. 핀란드에 얼마간 거주해 기본적인 언어를 습득한 아이들을 모아놓은 학급과, 입국한 지 얼마 안 되는 아이들을 대상으로 하는 학급이 따로 있었다. 학생의 연령은 모두 제각각이라 교사는 학생들에게 각자 다른 과제를 시켰다. 그녀는 8~15세 사이의 아이들이 각자 공부를 하는 동안 교실 이곳저곳을 돌아다니며 지도했다.

이 학교에는 특별한 관리가 필요한 아이들을 모아놓은 반도 있었다. 두 개 학년마다 학습 장애 아동을 위한 학급이 하나씩 있다. 지적, 감정적, 신체적 발달 속도가 느려 학습 속도도 더딘 아이들이었다. 이런 학급에는 학생 5~8명에, 교사가 2명씩이었다. 핀란드 교실에는 이런 광경이 무척 흔하다. 그밖에도 두 개의 특별 교실이 더 있다. 한 곳은 지나친 공격성이나 심리 문제 등 행동장애를 가진 아이들이 있는 곳이었고, 다른 한 곳은 키르코누미 지역 최대의 문제 학생을 모아놓은 반이었다. 문제 학생이 모인 교실에는 중간에 스크린이 설치되어 아이들을 두 개 그룹으로 나누고 있었다. 각 그룹은 서로 반대 방향에 설치된 전자칠판을 보는 중이었다. 그룹별로 다양한 연령대의 남녀 학생이 4~5명씩 모여 있고, 도움을 주는 성인 역시 4~5명이나 됐다. 아이들은 다양한 새의 종류에 대해 배우는 중이었다. 스크린이 설치된 점과 성인 수가 유난히 많다는 점만 제외하면 일반 교실과 다름없는 풍경이었다.

토니Tony Veijalainen는 에스푸 지역 커뮤니티 센터의 정보기술 부서에 근무하고 있으며 사회복지사들을 위해 통역과 번역을 해주는 일도 한다. 토니에게는 13세가 다 된 6학년생 큰딸과 10세의 4학년생 둘째

딸이 있다. 큰아이는 장애인이라 에스푸의 특수 교육 학교인 코울루맨 코울루에 다닌다.

- 제 딸은 사회적 장애와 언어발달장애가 있어요. 그래서 1~9학년 사이의 장애아들만을 모아놓은 학교에 다닙니다. 교실마다 학생 수는 10명을 넘지 않고 과외활동도 다양해요. 모든 학생을 위해 맞춤형 개별교육계획(IEP)을 세우기 때문에 제 딸도 자기 속도에 맞게 공부할 수 있어요. 하지만 그 앤 영어를 무척 좋아해요. 이 특수학교로 옮기기 전에는 정기적으로 영어 수업을 들었죠. 교사들은 필요한 지원을 하면서도 최대한 학생들이 자기 힘으로 공부할 수 있게 유도합니다. 핀란드에서 장애인들은 보통 실질적인 직업 훈련을 통해 스스로 자립할 수 있게 도움을 받지요.

토니는 딸 교육에 적극적이며 2년간 학교 운영위원회에서 활동한 경험도 있다. 토니는 딸아이의 학교생활과 발달 상황을 늘 유심히 관찰한다.

- 큰아이의 상황이 그렇다보니 확실히 선생님들과도 교류가 많은 편이에요. 아내와 저는 온라인 교육정보 프로그램 윌마를 통해 선생님이 보내는 공지사항을 전달받아요. 큰아이의 숙제나 소식은 거의 매일 날아오지만, 작은딸과 관계된 공지사항은 특별한 행사 등이 있을 때만 전달받아요. 큰아이의 선생님

을 만나 한 시간 정도 학습 진도와 계획에 대해 얘기를 나누기도 해요. 아이가 공부할 내용에 대해 저의 의견을 말씀드릴 수 있어서 좋아요. 다만 딸아이의 학교생활이 어떤지 선생님께서 피드백을 좀 더 신속하게 해주셨으면 좋겠어요. 그래야 아이를 더 잘 챙겨줄 수 있으니까요.

큰딸에게 신경 쓰느라 작은딸을 그냥 내버려둔다는 뜻은 아니다. 그는 작은딸이 공부를 잘해서 자랑스럽고 아이가 다니는 학교에도 만족하고 있다.

- 둘째가 다니는 티스틸란 코울루는 다문화 환경과 다양한 국적의 학생 덕분에 2012년에 '올해의 학교' 후보에 올랐어요. 그 학교는 EU 교육 프로그램을 적극 도입했고 외국 교환 교사도 많이 보유하고 있어요. '베르소'라는 명상 수업도 있어서 아이들 사이의 갈등을 원만하게 해결할 수도 있고요. 이런 도움을 받을 수 있다니 얼마나 다행인지 몰라요.

이렇게 훌륭한 학교와 교육 프로그램이 있어 토니와 그의 아내는 안심하고 자녀를 맡길 수 있는 것이다.

핀란드에 온 한국 학생

고등학교 졸업 후 나는 고려대학교 교육학과에 입학했다. 내가 아이들과 함께하는 것을 무척 좋아한다는 사실을 우연히 알게 되어 교사가 되기로 결심한 것이다. 그러다 결국 헬싱키까지 가게 되었다! 사실 그곳에 간 동기는 아주 단순했다(너무 단순해서 말하기 부끄러울 지경이다). 한국을 벗어나고 싶다는 생각이 간절했기 때문이다. 또 한국에 교환학생으로 왔던 핀란드인 룸메이트가 무척 그립기도 했고, 왠지 유럽에 가고 싶다는 생각도 있었다. 그래서 결국 핀란드를 선택하게 됐다. 교환학생을 신청했을 때 나는 이미 대학교 3학년이었다. 나는 핀란드의 교육에 대해 꽤 많이 알고 있었고, 헬싱키대학교가 연구와 교육으로 유명하다는 사실도 전해 들었다. 이 모든 이유에 떠나고 싶다는 간절한 바람이 합쳐져 교환학생 프로그램에 지원하게 됐다. 결국 2012년 1월부터 5월까지 한 학기 동안 헬싱키대학에서 공부할 수 있는 기회를 잡았다.

나는 특정 과목 교육학과가 아니라 교육학 전반을 전공했기 때문에 예전부터 핀란드 교육의 우수성에 대해서는 익히 들어왔다. 그러나 아무리 좋은 제도라도 한국에 무작정 적용할 수는 없을 터였다. 제도는 그대로 따올 수 있지만 반드시 의도한 결과가 나타나리라는 보장은 없다. 나는 핀란드 사회에 그러한 교육 시스템이 어떻게 실현될 수 있는지 궁금해졌다. 핀란드에 머물 수 있는 기간이 한정되어 있었기 때문에 나는 이곳의 사회나 교육에 대해 많은 것을 알 수 있으리라 기대하진 않았지만 적어도 이곳의 분위기는 한껏 느껴보고 싶었다. 교환학생 프로그램에 참가하는 목적은 바로 그것이었다.

나는 유럽 국가 사이의 교류를 촉진하는 프로그램(지금 그 이름은 기억나지 않는다)을 활용해 핀란드에 온 유럽 학생들과 함께 영어로 진행되는 강의를 들었다. 그러나 고려대학교에서 학점을 인정받을 수 있는 수업이 너무 제한되어 있어 선택의 폭이 넓지 않았다. 나는 핀란드 교육의 역사적, 철학적, 문화적 배경을 소개하는 입문 수업과, 유아교육, 특수 교육, 음악과 연극교육, 그리고 학생들이 자국의 교육 제도를 소개하고 제도의 문제점이 무엇인지 짚어보는 수업을 들었다. 나는 수업 분위기가 매우 진지하다는 인상을 받았다. 예를 들어 특수 교육 수업 시간에 교수는 '특수'의 의미가 무엇인지에 대해 매우 자세하게 설명했다. 비록 강의는 지루했지만 나는 이곳 사람들이 이 문제에 접근하는 방식에 크게 감탄했다. 이 주제에 대해 여러 측면에서 신중하고 조심스럽게 검토하더니 결국 '특수'가 분포도의 양쪽 극단이라는 결론을 내렸다. 다만 '특수 교육'은 그 분포 곡선의 하위 3퍼센트에 해당하는 모든 학생을 대상으로 하는 교육이었다. 적절한 도움만 있으면 그들도 다른 아이들과 같은 수준에 이를 수 있다. 반면 학습 의욕이 강한 학생은 그냥 두어도 계속 잘 하게 되어 있다. 그래서 뒤처지는 학생들에게 더 주의를 기울여야 한다는 것이 교수의 설명이었다. 더구나 교육 방식이 매우 사려 깊고 세심하기 때문에 학생들은 특별한 도움을 받는다는 사실을 부끄러워하지 않는다. 나는 핀란드에 오기 전 한국에서도 특수 교육 강의를 들은 적이 있다. 물론 그때도 '특수'의 정의와 정도에 대해 이야기를 나누었지만, 그 개념을 아주 자세히 파고들지는 못했고 학생들에게 무엇이 상처가 되는지도 생각해보지 못했다.

한국 교육과 비교할 때 핀란드 교육의 가장 두드러지는 특징은 학생을 배려하고 성적만을 내세우지 않는다는 점이다. 물론 내가 보기에 성과에만 목매는 경향은 비단 교육계에만 해당하는 문제는 아니며 한국 사회 전반에 나타나는 현상이다. 핀란드에 있을 때 나는 전 룸메이트의 친한 친구와도 가까워졌다. 매력적이고 씩씩한 여학생이었다. 나중에 듣기로 그 친구는 대여섯 살 무렵 어머니와 그 애인이 동반 자살한 현장을 직접 목격했다고 한다. 어머니의 장례식 절차가 진행되고 앞으로 그녀를 누가 맡아 기를지 결정하는 동안 그녀는 학교를 빠져야 했다. 그 친구가 학교에 안 나오는 사이 담임 선생님은 같은 반 아이들에게 그녀의 어머니가 스스로 목숨을 끊었고 그 때문에 친구가 무척 상처를 받았을 거라고 말해주었다. 그래서 그 친구를 도와야 하지만 더 상처받지 않게끔 조심스럽게 다가가야 한다고 당부했다. 정확한 단어는 생각나지 않지만 그 선생님은 대체로 이런 식으로 표현했다고 한다. "그 친구는 이 사건 때문에 특별한 취급을 받기를 원하지 않는다." 다시 말해 "그런 일로 너무 소란을 피우면 친구에게 전혀 도움이 안 된다"라는 뜻이었다.

나는 이 이야기를 듣고 무척 감탄했다. 한국에서는 자살이나 가정문제 등 사람들이 흔히 겪는 불행에 대해 입 밖에 잘 꺼내지 않는다. 모두 우리 인생의 일부이지만 사람들은 어두운 면에 대해서는 언급을 피하려 한다. 나는 그 선생님이 학생들에게 친구의 어머니에게 일어난 사건과 그 대처방법에 대해 알려준 방식이 정말 현명했다고 생각한다.

한국에서 나는 한 남학생에게 자원봉사로 과외 지도를 해주었었다. 처음 만났을 때 그 아이는 중학교 3학년이었다. 부모님이 모두 일하느라 바쁘셔서 그런지 그 아이의 성적은 별로 좋지 않았다. 하지만 품행이 삐딱하거나 반항적인 아이는 아니었다. 다만 주위에 그 아이에게 신경 써주는 어른이 아무도 없다는 점이 문제였다. 부모님은 먹고살기에 바빴고 학교 선생님은 성적이 뛰어난 학생이나 심각한 문제 학생에게 신경 쓰느라 정신이 없었다. 물론 이런 소외 현상은 세상 어디서나 볼 수 있다. 모든 제도에는 사람들이 미처 생각하지 못한 헐거운 구멍이 있으니까. 다만 한국 제도에는 허점이 너무 많아 보인다.

하정연

5

낙오되지 않는 핀란드 아이
– 보조 교사 파이비와의 만남

일본인 남편을 둔 핀란드 여성 파이비 요시즈미Paivi Yoshizumi는 학생 수 28명 내외의 학급에서 5~6년 동안 보조 교사로 일했다. 2년간 일반 학급의 뇌성마비 아동을 보살폈고, 역시 2년간 학습장애나 행동장애가 있는 학생 9명으로 구성된 반에서 수업을 보조하기도 했다. 사회 복지 학위를 취득한 후에는 에스푸 시의 가족 지원 센터에서 일하고 있다.

• 보조 교사의 임무는 아이들이 선생님에게 집중할 수 있게 도와주는 거예요. 때로는 몇몇 아이들만 별도의 교실에 모아 함께 다른 활동을 하기도 해요. 2명의 보조 교사가 같은 교실에 배치될 때도 있고 필요에 따라 반을 옮겨 다니기도 하죠. 수학, 핀란드어, 공예 시간에 특히 도움이 많이 필요하거든요. 그렇

다 보니 정말 다양한 수업과 교사를 경험했어요. 제 아이들 수업에도 몇 번 참가했는데 아이들에게 부족한 것이 무엇인지 알 수 있었던 좋은 경험이었어요.

특수한 교육이 필요한 학생은 전문가의 진단을 거쳐 조기에 가려내야 한다는 것이 그녀의 생각이다.

- 예를 들어 ADHD 진단을 내리려면 심리학자와 사회복지사는 문제 아동을 상대로 몇 가지 검사를 실시해야 합니다. 취학 전에 이 과정을 거쳐야만 특수반에 들어갈 수 있죠. 장애 아동을 위한 수업은 매우 다양합니다. 사회성 문제나 행동장애 학생을 위한 반도 있고 학습장애 아동을 위한 반도 있어요. 그런 아이들을 섞어 놓으면 문제가 많이 생기기 때문에 반을 나누는 거예요.

파이비에 따르면 항상 이런 식으로 반을 정확하게 나눌 수는 없고 학교의 사정에 따라 달라진다고 한다. 그럴 때는 비슷한 문제를 지닌 아이들을 함께 묶는다.

- 학습장애아들의 반에 행동장애가 있는 남학생을 배치한 적이 있는데, 결국 이 남학생이 다른 학교로 전학을 가더군요.

특별한 교육이 요구되는 아동의 부모라고 해서 더 적극적인 것은 아니라고 한다.

- 다들 자기 일에 바쁘고 다른 가족도 돌봐야 하니까요. 뭐가 껄끄러운지 온갖 핑계를 다 대면서 보조 교사를 만나는 것도 피하려고 해요. 사람마다 정도의 차이는 있지만 제 경험상 그들은 교사와 정기적으로 교류할 생각이 없는 것 같아요.

파이비의 가족은 미국에서 17년을 거주한 다음 핀란드로 건너왔다. 핀란드에 정착할 당시 그녀의 네 자녀 중 셋은 각각 4학년, 2학년, 유치원생이었다.

- 핀란드에 돌아와 1학년 이외의 학년부터 시작하는 경험은 남달랐어요. 위의 세 아이는 생애 첫 6년간 영어를 쓰는 학교에 다니다가 핀란드 교육 제도에 편입했거든요. 지금 8학년인 막내만 핀란드에서 1학년부터 시작했죠.

막내아들의 경우 엄마가 부족한 과목을 보충할 수 있게 도와주어야 했다.

- 아이가 학교공부를 어려워했고 선생님은 너무 자주 바뀌었거든요. 그래서 제가 별도로 신경을 많이 써야 했어요. 제가 보조 교사라 아이에게 부족한 점이 무엇인지 금방 알 수 있었죠. 교장 선생님이 특정 교사가 그 수업에 맞지 않는다고 판단하면

더 적합한 교사로 바꾸기도 해요.

파이비는 교사들이 교실에서 발생하는 문제를 처리하는 방식을 보면 그 교사의 능력과 전문성을 알 수 있다고 생각한다.

- 아이들을 요령 있게 통솔하는 뛰어난 교사도 많이 보았어요. 아이들을 공부에 집중시키고 시간도 효율적으로 관리하면서 수업을 진행하기 때문에 큰 문제가 생기지 않죠. 만약 잘못을 저지른 아이가 있으면 그 아이를 교실 앞에 있는 책상에 앉히거나 다른 교실로 보내서 따로 과제를 시켜요.

- 능력 있는 교사는 아이들을 잘 통제하지만 교사의 역량이 부족하면 학급의 기강을 바로세우기 어려워요. 학급 분위기는 교사의 역량에 달려 있죠. 경험과 인격도 중요하고요. 정말 구제불능인 6학년 반을 겪어본 적이 있는데 다음 해에 다시 가보니 모든 문제가 해결됐더라고요. 새로 온 교사가 아이들과 대화를 나누고 행동을 바로잡으면서 문제에 현명하게 대처했거든요. 그 선생님은 학생들에게 자기 행동을 스스로 평가해보게 했어요. '지난주에 여러분이 한 행동은 몇 점이었나요? 좋아요, 60점이라고요. 이러이러한 행동에 대해서는 어떻게 생각하나요?' 그런 식으로 자신의 태도를 반성하게 했더니 아이들의 행동이 이전과는 확연히 달라졌어요.

- 교사들은 핀란드 교육위원회에서 나온 교육 과정 안내서를 지침으로 삼고 있어요. 교육 과정을 만들 때 반드시 충족해야 할 요건을 정해놓은 자료예요. 학교마다 별도로 만드는 교육 과정은 승인을 받아야 해요. 교육 과정 개발은 교사들의 중요한 업무 중 하나죠. 학교별 교육 과정을 개정할 때도 정해진 요건을 따라야 하고요. 교사들이 설계한 교육 과정은 나중에 학교 위원회의 승인을 거치게 돼요. 새 교육 과정을 일괄 승인받은 다음에는 교과서로 쓸 책을 보고하고 각 과목의 학습 목표를 정합니다. 그런 다음 과목마다 어느 정도의 시간이 소요될지 산정하여 시간표를 짭니다.

- 교사들의 역량은 뛰어난 편이에요. 교육학과에 들어가려면 치열한 경쟁을 뚫어야 하기 때문인 것 같아요. 교육에 대한 열의도 매우 높고요. 그래서 교사의 수준만큼은 신뢰할 수 있죠. 사실 인간으로서 별로 훌륭하지 못한 교사들도 있지만 저는 교사의 능력에 전반적으로 만족해요. 저는 세 개 학교를 거쳤는데 교사의 수준은 모두 비슷했어요.

한국에서는 교사가 부모나 다름없다고 본다. 하지만 파이비에 따르면 핀란드는 상황이 다르다. 한 교사가 여러 해 동안 같은 학생을 지도하다보면 모든 학생의 사정을 꿰뚫게 되지만 아이들에게 너무 애착을 갖지는 않는 편이다.

- 제 느낌엔 어느 정도 거리를 두는 것 같아요. 아이들의 개인사에 너무 관여하지 않으려 하죠. 교사를 직업으로 생각할 뿐 부모처럼 아이들을 돌보진 않아요. '교사는 학교에서 부모와 같다.' 그런 개념이 없죠. 아이들을 안아주거나 애정을 표현하지도 않고요. 핀란드 아이들은 선생님을 이름으로 부르기 때문에 한국보다는 선생님과 허물없이 지낸다고 할 수 있어요. 그러다 아이들 버르장머리가 나빠질 수 있다는 게 문제죠. 교사와 맞먹으려 드는 아이들이 있어요. 핀란드에는 위계질서가 뚜렷하지 않아서 누구에게나 쉽게 다가갈 수 있지만 존경심은 역시 찾아보기 어려워요. 핀란드의 언어 습관에도 그런 특징이 반영되어 있죠.

파이비는 이 문제의 원인을 핀란드 가정 내부에서 찾는다.

- 핀란드 가정에는 여전히 과거의 그림자가 남아 있어요. 원만한 가정도 많지만 문제 가정도 꽤 있어요. 과거에 핀란드 부모는 매우 권위적이었고 아이들을 교육시킨다는 구실로 체벌도 서슴지 않았다고 해요. 그러다 1983년에 모든 체벌을 금지하는 법안이 생겼죠. 요즘에는 아이를 때리면 아동 보호 기관의 제재를 받게 됩니다. 요즘 부모들은 절대 아이들에게 이래라저래라 하지 않아요. 본인들이 부모의 간섭과 벌을 받으며 자랐기 때문에 자기 아이들만큼은 자유롭게 내버려두고 싶은가봐요. 이런 경향이 가정에서 많은 문제를 낳고 있어요. 집 안의 규율

따위는 안중에도 없이 뭐든지 마음대로 하려고 해요. 제가 보기에 핀란드에서 가장 심각한 문제는 알코올입니다. 핀란드인의 사망 원인 2위를 차지하고 있죠. 부모가 알코올을 남용하면 자녀도 어릴 때부터 음주를 시작할 가능성이 높다는 점이 문제예요.

파이비는 이런 현상에 사회의 현실이 그대로 반영되어 있다고 말한다.

지금 우리 사회는 물질주의가 지배하고 있어요. 우리의 법률은 도덕적 가치나 영성보다도 평등을 중시합니다. 정부가 국민을 돌봐야 한다는 생각 때문에 국민을 위한 다양한 정책이 마련되었어요. 핀란드 사람들은 교육 역시 부모가 아닌 학교에서 전담해야 한다고 생각해요. 부모는 자기 일을 하기 바빠서 자녀에게는 별로 투자를 하지 않죠. 물론 가족마다 상황이 달라요. 훌륭한 부모도 있고 '컬링' 부모도 있죠. 컬링 부모란 자녀를 보호하기 위해 자녀의 앞길에 걸리적거리는 것들을 모두 치워버리는 부모를 말해요. 아이를 위해서라면 뭐든지 다 해주기 때문에 결국 아이가 집에서 왕이나 여왕처럼 군림하게 되죠. 결국 부모에게서 뭔가 받는 데만 익숙해져 해야 할 일은 하지 않고 요구만 하는 아이들이 생겼어요.

최근에는 가정 내의 문제 행동을 해결하기 위해 국가 차원에서 많은 노력을 기울이고 있다.

- 학부모의 밤 행사 때 학교에서 부모를 위해 심리학자, 정신과 의사, 가족문제 상담사 등의 강연자를 초빙합니다. 제가 일했던 모든 학교에서 그런 행사를 개최하고 있어요. 행복한 가정과 바람직한 자녀 양육에 대한 전문가의 조언은 부모들에게 많은 도움이 됩니다. 올바른 가정교육을 위해 학교 측에서도 부모에게 많은 교육 기회를 제공하고 항상 부모와 협력하려 노력하고 있죠.

- 핀란드의 교육 전문가들은 자녀 양육에서 두 가지 원칙을 강조해요. 바로 제한boundary과 사랑이죠. 아이들은 어린 나이부터 모든 일에는 제한이 있음을 배워야 해요. 실망감을 다스릴 줄도 알아야 하고요. 사탕을 달라고 할 때마다 계속 주다보면 아이들은 무엇이든 원하는 것은 곧바로 손에 넣을 수 있다고 생각하게 되거든요. 하지만 부모가 '미안하지만 이번에는 사탕을 사줄 수가 없구나'라고 하면 아이는 원하는 걸 모두 얻을 수는 없다는 걸 알게 돼요. 부모에게는 인터넷 역시 큰 골칫거리입니다. 아이들이 부모보다 더 잘 아니까요. 그래서 우리 학교에서는 부모가 어떤 태도를 취해야 하는지, 무엇을 감시해야 하는지, 집에서 어떤 규칙을 정해야 하는지에 대한 강연을 했어요. 이 강연 때도 실제로 '사랑'이라는 단어를 강조했죠. 사랑과 제한 사이에 균형을 유지해야 한다는 것이 현재 핀란드 교육계의

일반적인 생각입니다. 전문가들은 건강하고 행복한 가정을 위한 8단계 실천 방안 등을 제시하죠. 실천 방법이야 무척 다양하지만 모두 충분히 경청할 가치가 있는 제안들이에요. 가정에서 직접 실천해볼 수 있는 아이디어를 얼마든지 얻을 수 있어요.

- 매년 한 차례씩 학급별로 부모-교사 회의가 열려요. 부모가 원하면 교사와 따로 면담 시간을 가질 수도 있고요. 부모-교사 회의의 형식은 다양합니다. 아이가 참석해 회의 내용을 들을 수도 있고 부모와 교사만 참석할 때도 있어요. 또 의문 사항이 있으면 언제든 교사에게 연락할 수 있죠. 사람에 따라 이메일을 보내거나 그냥 전화로 의견을 교환하기도 합니다.

- 아이가 학교에 늦거나 숙제를 하지 않거나 수업 진행을 방해할 때, 아니면 교실에서 칭찬받을 만한 행동을 했을 때 모두 부모에게 알립니다. 부모가 알아야 할 일이 있으면 항상 통보를 받죠. 저도 아들의 선생님에게서 주1회 정도 메시지를 받아요. 아들은 이제 고학년이라 선생님도 여러 분이죠. 다른 부모들은 선생님이 나쁜 일에 대해 너무 자세히 알린다고 불평하지만 사실은 좋은 소식과 나쁜 소식을 모두 전달받고 있어요.

핀란드인은 학생이나 직원을 좀처럼 칭찬하지 않고 긍정적인 성과에 대해 우쭐대지도 않는다. 자아존중감을 강조하는 미국은 이와 정반대다.

- 과거에 핀란드 부모들은 자녀를 좀처럼 칭찬하지 않았어요. 자녀에게 거는 기대는 있겠지만 '참 잘했구나'라는 말에는 인색하죠. 하지만 최근에는 칭찬을 적극적으로 권장하는 분위기가 형성되었어요. 제가 볼 때 선생님들도 실제로 칭찬받을 만한 학생은 칭찬하지만, 굳이 모든 학생의 장점을 찾아서 긍정적인 피드백을 해주지는 않아요. 아무래도 핀란드 사람에게 적극적인 칭찬을 기대하기는 어려운가 봐요.

파이비도 비슷한 경험이 많다.

- 우리 어머니나 제 또래 사람들에게 물어보면 부모에게 칭찬받아본 적이 전혀 없다고 해요. 제 경우에도 아버지가 다른 사람에게 제 칭찬을 하는 걸 단 한 번 들어봤을 뿐이에요. 아버지가 다른 사람에게 하는 말을 듣고서야 제가 잘 했다는 걸 알게 됐어요. 집에 성적표를 가져 오면 어머니는 이렇게 말씀하셨어요. '네가 나를 닮아서 공부를 잘하는구나.' 저를 직접 칭찬하시는 게 아니라 오히려 본인에게 공을 돌리셨어요.

그녀는 가족과 함께 미국에서 오래 살았기 때문에 핀란드인의 성격에 다시 적응하기가 쉽지 않았다.

- 입에 발린 소리를 잘하지 않는 게 핀란드의 문화예요. "오늘 예뻐 보이네요" 같은 말은 듣기 어렵죠. 핀란드에 돌아와서 처음 몇 년 동안은 냉장고 속에 사는 기분이었어요. 이곳의 정서는 정말 냉랭하다고 느꼈죠. 하지만 돌아온 지 14년이 지나고 나니 역시 핀란드 사람들은 선량하고 믿을 만하다는 생각이 들어요. 비로소 이 나라의 좋은 면을 보게 되었죠.

- 과거에는 핀란드 사람들이 너무 비판적이라고 불평했어요. 저도 꽤나 비판을 받았거든요. 보육 제도도 핀란드보다 미국이 훨씬 낫다고 생각했어요. 미국의 교사들은 따뜻하고 너그럽고 열정적이었거든요. 꼬마들이 도착하기를 기다렸다가 한 명씩 꼭 안아주는 선생님도 있어요. 새로운 활동도 많이 시도했고요. 그래서 미국 학교는 정말 재미있어 보였어요.

파이비는 그때 이후로 미국 학교도 많이 변했고 아이의 학교 경험은 교사의 성향에 따라 달라진다는 점은 인정했다.

미국 교사들은 다정함과 열정으로 학생들에게 학습 의욕을 불어넣지만 한국 학생들은 시험 점수 등 외부 요인에 의해 동기를 부여받는다. 파이비에 따르면 핀란드 교사들 역시 학생에게 동기를 부여하는 나름의 방법이 있다. 결국에는 흥미가 가장 중요하다.

- 교사가 자신의 과목에 정말 관심이 있고 학생과 그 관심을 공유하려는 열정이 있으면 학생 역시 배움에 열정을 품게 되죠.

훌륭한 교사는 자신의 과목을 사랑하고 학생들에게 지식을 효과적으로 전달하는 사람입니다. 이야기를 들려주거나 흥미로운 자료를 활용하는 등 나름대로의 수업방식이 있죠. 물론 지식을 무작정 주입하다가 학생들의 머릿속을 복잡하게 만드는 불쌍한 선생님들도 있지요. 수업이 지루하면 교실에는 수업 진행을 방해하는 학생들이 나타나기 마련이죠. 수업이 재밌어지려면 교사들이 먼저 열정을 가져야 해요.

파이비는 기술의 발전에 긍정적인 측면과 부정적인 측면이 모두 내포되어 있다고 믿는다. 하지만 핀란드에서는 아이들의 학습을 돕기 위해 첨단 기술을 적극 활용하고 있다.

- 핀란드는 한동안 PISA 테스트 세계 1위였지만 지금은 순위가 떨어졌어요. 예전보다 배움에 집중하기가 어려워서라고 생각해요. 아이들은 이것저것 취미 활동을 하느라 시간이 부족해요. 컴퓨터와 스마트폰에도 시간을 뺏기고 있고요. 교육자들은 요즘 아이들에게 적합한 교육방식을 찾느라 고심하고 있어요. 정책결정자와 함께 혁신적인 학습 방법을 개발하고 컴퓨터와 과학 기술을 교육에 어떻게 이용할지 고민 중이죠. 예를 들어 독서도 모든 아이들에게 가장 효과적인 학습법은 아니라고 해요. 아이들 각자에게 적합한 학습 방법을 찾는 게 관건이죠. 이 문제가 최근의 화두예요.

비록 자녀 양육의 최종 목표(행복과 성취)는 전 세계적으로 비슷하지만 세부적인 목표에는 차이가 있다. 미국에서는 아이가 당당하고 야심차게 성장하기를 기대한다. 한국에서는 고용조건에 맞고, 일정 수준 이상의 생활을 누릴 능력을 갖추는 것이 목표다. 파이비에 따르면 핀란드에서는 그 목표가 조금 더 모호하다고 한다.

- 우리는 아이에게 선택을 맡겨요. 자기 미래를 자기가 선택하는 거죠. 아이에겐 쉬운 일이 아니겠죠. 자신이 어떤 사람이며 앞으로 어떤 삶을 살지 깊이 생각해봐야 하니까요. 고등학교나 직업학교에 진학한 후에도 졸업 후의 진로를 고민해야 하는 부담이 있어요. 핀란드에서는 모든 사람이 고등학교에 진학하는 게 아니에요. 직업학교를 선택하는 사람도 상당히 많고 그 외의 진로도 매우 다양해요. 반드시 대학에 가야 한다는 생각도 없고요. 워낙 경쟁이 치열해서 한정된 수만이 대학에 들어갈 수 있어요. 누구나 대학을 갈 수 있는 미국과는 사정이 다르죠. 핀란드에는 경쟁률이 200:1에 이르는 학과도 있어요. 제가 사회복지 과정에 지원했을 때도 200명 중에서 16명만이 합격했어요. 대학에 가려면 최선을 다해 열심히 공부해야 하지만, 그렇다 해도 성공하지 못할 가능성이 있으니 다른 대안도 생각해봐야 하죠.

겉으로 보기에는 교사와 부모가 학생에게 심한 부담을 주는 것 같지 않지만 스트레스가 전혀 없다고 할 수는 없다.

- 학생 스스로 부담을 느끼는 거죠. 부모들도 대학가기가 쉽지 않다는 사실을 잘 알고 있으니 "대학에 떨어진다고 너무 고민할 필요는 없어. 다음번에 다시 도전해도 되고 다른 진로를 찾아봐도 된단다" 하고 자녀들을 위로해줄 뿐 더 열심히 공부하라고 들볶지는 않아요. 공부는 스스로 해야 하는 거니까 저 역시 아이들에게 강요하지 않죠. 그건 부모의 도리가 아니라고 생각해요. 물론 아이가 도움을 청하면 공부를 도와줘야겠죠. 저도 우리 아이들을 많이 가르쳤어요. 큰딸은 스웨덴어를 어려워해서 도와주었어요. 둘째는 별로 신경 쓸 게 없었지만 셋째와 넷째도 공부를 많이 봐줬고요. 막내도 8학년이 되기 전까지는 집에서 많은 도움을 줬어요.

핀란드에도 조부모와 부모 세대 중에는 한국처럼 가족을 부양하느라 공부할 기회를 놓친 사람들이 많다. 한국 부모들은 자신은 얻지 못한 인생의 기회를 위해 아이들에게 공부를 강조한다. 자녀들만큼은 더 나은 삶을 살기 바라는 마음 때문이지만, 때로는 이런 마음이 지나쳐 자녀에게 돈 잘 버는 직업을 선택하도록 강요하는 부모도 있다. 그러나 핀란드 부모들은 과거에도 지금도 아이들에게 대학에 가야 한다거나 특정 직업을 가져야 한다고 강요하지 않는다.

- 부모 세대 중엔 대학을 다니지 못한 분들이 많아요. 제 아버지는 6학년까지, 어머니는 9학년까지밖에 다니지 못하셨어요. 그 시절엔 친척 중에도 고등학교를 마친 분이 없었죠. 우리 집안

에서는 제가 처음으로 고등학교를 졸업한 사람이에요. 친척들은 시골에서 일하는 노동자나 농부였기 때문에 저에게 아무것도 기대하지 않으셨고 그저 제가 고등학교를 들어가게 된 것에 기뻐하셨어요. 대학 교육을 받은 부모라면 자녀도 대학에 가기를 바랄 테니 좀 더 부담을 줄지도 모르죠.

핀란드에서는 한 번 실패한다고 절대 나락으로 떨어지지는 않는다. 정부가 국민을 보살피기 때문이다. 또한 처음부터 능력에 맞는 길을 선택한다면 자신이 원하는 성공적인 인생을 살게 될 가능성도 높아진다.

맺는 글

교육의 새로운 미래

최근 몇 년 동안 핀란드 학생들의 학업 기술력은 미국 교육부를 포함하여 50개 이상의 국가에서 교육 모델로 삼고 있다. 그들이 발견한 것은 간단해 보이지만 그리 쉽지 않다. 잘 훈련된 교사를 통해 아이들은 어른의 특별한 개입 없이도 교육의 원리를 배운다. 그리고 교사는 학생들에 맞는 수업을 진행한다. "우리는 원유나 다른 자원이 없습니다. 지식이야말로 핀란드 사람들이 가지고 있는 자원입니다"라는 한넬 프란츠시Hannele Frantsi 교장 선생님의 말처럼 핀란드는 인적 자원에 투자하는 것으로 국가 경쟁력을 높였다.

또 핀란드의 고등학교 학생들이 밤에 해야 할 숙제는 30분 이상이 되지 않는다. 학생들과 부모들은 아이들의 대학입학으로 스트레스를 받지 않으며 교복이나 졸업생 대표도 없다.

핀란드 중부에 위치한 한 도시의 교육 과정을 들여다보면, 다른 사람의 수업 진도를 기다리면서 상위권 학생이 다소 학습능력이 뒤떨어지는 급우들의 학습을 돕는다. "수업 중간에 약간의 휴식 시간을 가지게 되고 재미있어요"라고 이 학교의 학생인 패니는 말한다.

핀란드 교육자들은 재능 있는 학생들을 집중적으로 투자하는 것보다는 전체적인 대다수의 학생들을 이끌어줌으로써 더 나은 결과를 얻을 수 있다고 생각한다. 뛰어난 학생들의 능력을 해치지 않는 선에서 전체적인 학생들을 도울 수 있다는 생각에서이다. 이런 시스템은 한국에서도 통할 수 있을까?

교육과 문화는 밀접하게 연결되어 있다. 따라서 기존에 확립된 문화와 관습을 무시하면서 현재의 시스템과 전혀 다른 새로운 제도로 갈아타기란 현명한 방법도 아닐뿐더러 성공할 가능성도 낮다. 글로벌 시대에는 분명 서로 배울 점이 많겠지만 '교육 혁명'이 세계 어디서나 다 효과가 있을 수는 없다. 핀란드 교육은 핀란드에서만 힘을 가진다. 한국 교육은 어찌 보면 한국이기 때문에 유지될 수 있을 것이다. 핀란드 시스템은 스웨덴, 네덜란드에서라면 어느 정도 먹히겠지만 영국에서는 그다지 효과가 없을 것이다. 한국 시스템도 일본, 중국, 대만이라면 몰라도 필리핀이나 러시아라면 어림없다. 결국 교육제도를 바꾸는 데는 한계가 있고, 개혁은 신중하고 사려 깊게 추진되어야 한다('빨리빨리'의 나라 한국에서는 쉽지 않은 일일지도 모른다). 단기적인 해결책에 의존하려는 유혹은 여기저기서 나타나겠지만 이런 성급한 해결책은 병폐 그 자체보다 더 나쁠 수 있다.

그나마 다행스럽게도 변화는 일어나고 있다. 전후 핀란드(겨울 전쟁과 제2차 세계대전이 끝난 1945년 경)와 전후 한국(6·25 전쟁이 끝난 1953년 경)에는 적지 않은 공통점이 있다. 양국 모두 가난과 궁핍에 시달렸고, 농업에 의존하는 저개발 경제국가였다. 문맹자가 넘치고, 교육 기회는 제한되었으며, 자연 자원도 크게 부족한 상태였다. 하지만 국민의 에너지, 성공하겠다는 의지, 목표를 향한 열정 등 개발되지 않은 잠재력은 무궁무진했다. 20세기 후반에 한국은 극심한 빈곤과 문맹 속에서도 국민의 역량을 빠른 속도로 키워나갔다. 가난을 극복하고 나서 사범대 설립 등 교육 제도 개선을 시작한 것뿐만 아니라 교육과 경제 두 가지 과제를 동시에 진행했다. 교육과 국민에 대한 이러한 신념이 한국을 크게 발전시키는 동력이 되었다.

두 나라 모두 원칙을 엄격하게 따진다는 공통점도 있다. 한국은 어려운 학문을 배우는 데 있어, 지속적인 투자와 연구로 능력을 키우는 것이 얼마나 중요한지 잘 알고 있다. 특히 수학과 과학에서는 지름길을 택하지 않았다. 한국인들은 하느님이 주신 재능(한국에는 재능 있는 인재가 많다)에 노력을 더해야만 실력을 얻을 수 있다고 여긴다. 이런 태도는 한국의 급속한 경제·사회 발전에 크게 기여했다. 성실하게 노력하는 아이들의 태도는 어쩌면 금이나 석유보다 더욱 귀중한 자원일지도 모른다.

한국인은 놀라운 위업을 달성했다. 문맹률은 거의 없고, 비판적 사고와 분석적 능력을 알아보는 국제 성취도 테스트에서 최상위를 기록하고 있다. 하지만 이러한 성공은 대가가 따르고 있다. 학생들은 공부에 엄청난 압박을 받고 있다. 한국의 문화는 노력과 성실성을 무엇보다 강조하고, 실패에 대해서는 변명의 여지가 없다. 충분히 열심히 노력하고 공부하면 그에 맞는 결과를 얻을 수 있다는 믿음이 전제되어 있다. OECD의 교육 정책에 대한 특별 고문인 한 국제 교육 관계자는 한국인은 기본적으로 좋은 미래를 보장받으려면 이 힘든 기간을 반드시 거쳐야 된다고 믿는다고 말한다.

한국은 언제나 OECD 교육 순위의 상단에 있다. 반면에 한국은 닮고 싶지 않은 항목의 순위에도 OECD 최상위를 차지하고 있다. 바로 자살수치이며 34개 선진국 가운데 1위를 기록하고 있다. 자살은 자녀들에 의해 버려진 노인들, 경제적 성공에 이탈된 사람들, 공부 스트레스로 고통받는 학생 등 모든 연령과 사회 계층의 사람들을 포함하고 있다. 한국인들에게 행복은 고등학교와 대학교를 졸업한 이후에도 삶에서 계속 수행해야 될 어려운 과제이다.

반면에 핀란드 교육에서는 학습의 엄격함과 탄력적인 유연성 등 모든 장점을 가지고 있다. 핀란드 문화는 고유의 동기를 부여하고 개인의 관심과 특기를 독려한다. 문화적으로 핀란드에서는 학생들에게 중요한 학습은 교실 밖에서 일어난다고 믿기 때문에 상대적으로 짧은 수업 시간을 갖고 있다.

한 학생이 고등학교에서 듣는 수업 시간의 3분의 1은 선택 과목이며 그들은 입학 시험에 대해서도 선택할 수 있다. 이것은 학습 경험의 다양한 가치를 둔 스트레스가 없는 문화이기도 하다. 그러나 유럽 강대국들 사이에서 살아남기 위해 국가의 전투, 학문적 엄격함에서는 예외를 허용하지 않는다.

핀란드는 이중 언어를 사용하며 모든 학생들은 핀란드와 스웨덴어를 모두 배운다. 그리고 성공을 원하는 모든 핀란드인들은 적어도 하나의 다른 언어, 주로 영어를 습득하게 된다. 또한 일반적으로 독일어, 프랑스어, 러시아어 등도 다수 선택하고 있다. 핀란드어는 핀란드 내에서만 유용하며 다른 작업을 효과적으로 취하기 위해 다른 나라의 언어를 배울 필요성이 있다.

그런 점에서, 핀란드와 한국은 비슷한 면이 있다. 영어, 러시아어와 독일어, 영어에 둘러싸인 핀란드와 중국어, 일본어에 둘러싸인 한국은 언어의 섬과 같다. 핀란드에서는 다른 나라들처럼 가장 인기 있는 최신 영어책을 공유한다. 영미권 책이 핀란드어로 번역되기 전에 내용을 먼저 알게 될 것을 걱정하여 많은 어린이들이 해리 포터의 결말을 영어로 읽기 위해 애썼다. 영화와 TV쇼에서는 핀란드 자막을 사용한다. 한국은 다른 나라의 언어를 학습하는 데 핀란드보다는 덜 익숙하다. 여전히 언어적인 측면에서 과제를 안고 있으며 이를 개선하기 위해 개인 과외를 하거나 미국, 뉴질랜드나 필리핀에서 어학연수를 떠나기도 한다.

한국은 핀란드에서 배울 점이 무척 많다. 핀란드의 우수한 면들은 결코 소홀히 넘겨서는 안 된다. 전 세계인이 오울루와 탐페레로 몰려드는 데는 다 그럴 만한 이유가 있다. 한국의 공교육 시스템에 개선의 여지가 많은 것도 사실이다. 한국 교육이 지닌 문제는 매우 심각하기도 하다. 놀랍게도 버락 오바마는 여전히 한국이 지상의 교육 낙원이라고 믿는 듯하지만, 두 딸 사샤와 말리아가 학원에 다니느라 매일 밤 10시가 넘어서야 백악관에 돌아온다면 아마 그도 생각이 달라질 것이다. 핀란드인들은 어쩌면 그렇게 적게 공부하고도 많은 성과를 거둘 수 있을까? 아이들은 3~4시만 되어도 수업을 마치고 집에 돌아오고 숙제도 거의 없는데 말이다.

다른 나라를 둘러본 핀란드 교육자들은 핀란드인의 타고난 겸손함에도 불구하고 자국의 교육 제도에 한껏 자부심을 품게 되었다. 하지만 핀란드의 교육 제도도 그들의 생각만큼 마냥 아름답지만은 않다. 핀란드에도 역시 해결해야 할 과제가 있고, 그중에는 한국이 배워서는 안 될 것들도 있다. 또한 핀란드가 한국에서 배워야 할 점도 분명히 있다. 최근 들어 동·서양 할 것 없이 모두 교육에서 가족이 차지하는 역할을 과소평가하는 경향이 있다. 핀란드에서는 부모가 아이들의 삶에 미치는 영향이 다소 제한된 것처럼 보일 때가 많다. 한국 부모라면 기꺼이 스스로 감당하는 책임이 핀란드에서는 모두 교사와 학교에 위임되었다. 부모가 자녀의 삶에 깊이 개입하지 않는 것이다. 하지만 한국에서는 자녀의 모든 진로를 부모가 함께 계획하고 심사숙고하고 격려한다. 아마도 자녀 교육에 대한 부모의 헌신이야말로 한국이 지닌 최고의 자산일 것이다.

핀란드 교사들의 역할 또한 의문의 여지가 있다. 핀란드 부모는 훌륭한 공립 학교에서 자격이 충분한 교사에게 아이들의 교육을 맡긴다. 하지만 대부분의 선생님들이나 교육 전문가들은 학생들과의 상호 작용보다는 지식적인 전달을 우선하고 있다. 감수성이 예민한

이 시기에 만난 교사는 학생들에게 큰 영향을 미치고 다양한 자극의 기회를 제공해줄 수 있다. 하지만 개인적인 성향의 핀란드 국민성으로 인해 교사들은 학생들에게 정서적인 참여를 하지 않는다. 교사들은 학생들에게 교사의 존재가 매우 중요하고 영향력 있는 교과서임을 인식해야 한다.

전 세계 모든 나라는 승자에게만 보상을 하는 교육 제도로 지나친 경쟁을 조장하고 있다. 국민을 '적자생존'의 전쟁터로 내몰고 있는 것이다. 이러한 시스템은 평화롭게 공존하려는 인류의 건강한 노력을 헛수고로 돌리고 만다. 이제는 경쟁만을 강조하는 현실을 안타깝게 여기는 지식인들도 나타나고 있다. 우리의 교육이 협력에 무게를 두는 쪽으로 방향을 돌려야만 전 인류가 더불어 생존할 수 있음을 누구나 이해해야 한다. 이런 점에서 교육의 목표와 철학에 근본적인 변화가 필요하다. 핀란드와 한국의 교육 탐방은 이러한 현실에서 교육의 미래를 그려볼 수 있는 생생한 그림이 되어줄 것이다.

후기

오랜 교육 탐사를 마치며

마틴의 이야기

이 책에 담긴 인터뷰, 비교, 분석, 결론에 대해 읽은 후, 이렇게 생각할 수 있다. "이 모든 것은 매우 흥미롭다. 그런데 그다음에는 무엇을 해야 하지?" 이 책을 읽은 독자는 딸을 가진 학부모일 수도 있고, 초등 고학년의 부모일 수도 있다. 아들이 초등학교를 졸업할 무렵이면 많은 부모들이 불안해하며 궁금해한다. "어떻게 내 아이가 좋은 교육을 받고 탄탄대로의 삶을 살 것인가" 하고 말이다. 창의력과 호기심, 지적 욕구를 충족하더라도 그들이 가고 싶은 길에 제대로 도달하기는 어려울지도 모른다. 다른 문화권에서 볼 때는 한국 교육에 대한 민감한 질문에 훌륭한 답을 하기는 매우 힘들 것 같다.

한국에 있는 외국인은 정말 양날의 검이다. 그 안에는 장점과 단점이 공존하고 있다. 나는 네덜란드인이다. 2002년 한국의 월드컵 4강 진출을 이끈 거스 히딩크가 네덜란드인이기에 월드컵 이후에 네덜란드에 대한 한국 사람들의 인식이 높아졌다. 그 이후 요즘엔 대부분의 한국인들은 ING 생명, 필립스 전자, 하이네켄 맥주 등으로 네덜란드를 기억한다. 네덜란드인은 자신감이 넘치고 창조적이며 다국적 언어를 쓰고 진취적이다. 개인적으로는 나는 파란 눈을 가졌으며 188센티미터 키의 장신이다(학생들이 항상 내 키가 몇인지 물어서 그들에게 항상 "우유를 많이 마시고 스트레칭을 하렴"이라고 말한다). 나는 인종적, 문화적, 언어적으로 한국인과 다른 배경을 갖고 있다. 현실을 직시하자면, 많은 한국인들이 나에 대해 특이하게 보고 더러는 무서워한다는 것도 안다.

균형을 유지해서 교육에 대해 말한다고는 하지만 한국인들이 받아들이기에는 불편한 점도 많은 것 같다. '흥미로운 이야기고 많은 교육을 받은 사람이지만 한국 사람이 아니잖아? 정말 우리를 이해할 수 있겠어?'라고 생각하는 것 같다. 그래서 사람들에게 말할 때는 더 신중해야 된다는 것을 깨달았다. 한국인들로서는 외국인의 조언을 신뢰하기는 어려울 것이다.

부모로서 내 경험에 의하면, 교육 문제를 해결하는 방법은 두 가지가 있다. 첫 번째는 자신이 직접 대안을 만들어 문제를 해결하는 것이다. 많은 한국인들이 자녀의 교육을 위해 부단한 노력을 한다. 학교가 제기능을 하지 못하는 경우에는 학원에 보내지만 비용적인 부담과 스트레스를 안게 되기도 한다. 게다가 사교육이 효과를 보지 못할 때도 많다. 공교육이 제대로 기능하지 못해서 이런 시스템을 만들었지만 친구들과 경쟁 관계에 놓이기도 한다. 아이들은 불행하고 부모는 불안하다. 가계 재정도 흔들리게 된다. 그럼 어떻게 해야 할까? 나는 부모가 자녀의 가장 중요한 선생님이라고 생각한다. 자녀를 둘러싼 모든 환경을 파악하고 긴밀하게 공조할 필요가 있다.

그래서 나는 아이들을 위해 무척 노력한 편이다. 나의 취약점은 한국어를 잘하지 못한다는 점이었는데 한국 사회와 현실에 적응하기 위해 많은 관심과 노력을 기울였다. 14년 동안 한국에서 살고 있고, 한국과 문화를 비교적 잘 이해하고 있다고 생각한다. 하지만 한국에 처음 왔을 때는 모든 것이 막막했다. 한국과 한국어에 대해서 완전 무지한 상태였다. 그래서 나는 제주도, 울릉도 민속 마을, 인사동과 명동, 동해, 서해 및 남해에 있는 박물관, 미술관, 쇼핑 거리, 관광 명소를 찾아갔다. 한국 사람들의 정신과 문화의 본질을 이해하기 위해 한라산, 설악산을 오르고 한국어 교육의 시스템을 알기 위해 한국 대학에서 근무하기도 했다. 장점을 인식하고 약점을 파악하여 교육의 적절한 대안으로 활용하고 관리하는 것을 고민하였다.

딸 레네가 19살이 되었을 때, 고등학교와 대학 사이에 1년의 휴식을 가지는 시기를 보냈다. 레네는 그 기간에 혼자서 세계 여행을 했다. 레네는 9개월 동안 대륙을 여행하고 풍부한 경험과 함께 돌아왔다. 몇 달 동안 잠비아에서 자원 봉사 교사로 일한 후, 그녀는 제3세계 개발을 위한 미디어 및 통신 분야에서 일하고 싶다고 했다. 일부 한국 사람들에게는 의사, 치과 의사, 변호사도 아니고 돈이 되지 않는 일이기에 내켜하지 않을 수도 있는 길일 수 있다. 하지만 그녀의 신념대로 경력을 쌓는 동안 그녀는 행복할 것이다.

그리고 두 번째 해결 방법은 교환 시스템이다. 시스템이 바뀌는 것은 어렵기 때문에 첫 번째 대안과는 달리 쉽지 않을 것이다. 그래서 개별적으로 수행되어야 한다. 시스템을 뒤집기보다는 연대해서 수행되기를 바라고 느리지만 장기적이고 협력적인 노력으로 이루어져야 한다. 교육 전문가들은 핀란드, 네덜란드, 폴란드를 통해 국가 교육 제도의 재구성을 참고할 수 있고 이를 한국의 교육에도 반영하기를 바란다. 또한 소규모 파일럿 프로젝트를 시작해야 한다. 예를 들어, 기존 공립 학교 내에서 학교 선택 그룹에서 주당 몇 시간을 가르치는 핀란드의 수학과 물리학 교사를 초청하는 것이다. 이런 수업 과정을 한국 교사가 지켜보게 하는 것이다. 때로는 열린 수업으로 부모도 참관할 수 있도록 해야 한다. 대규모 프로젝트로 진행될 때는 비용의 부담이 크기 때문에 시작이 어려울 수 있으니 소규모로 시작되어 확산되는 것이 바람직할 것이다. 정부 간 협력도 중요하다. 한국과 핀란드의 교육 부처와 국가 사이의 네트워크를 구축하고 장기적인 교육 정보와 자원의 공유를 위한 프레임 워크를 수립해야 한다. 이러한 교류와 협력의 시스템에서 많은 것을 얻고자 한다면, 서로에 대한 개방성, 겸손, 신뢰의 기초가 형성되어야 할 것이다.

한국에서 교육 개혁 및 혁신은 쉽지 않을 것이다. 매우 힘든 일일지도 모른다. 하지만 한국에서 꽤 오랜 시간을 보내면서 알게 되었다. 한국은 좋은 나라이며 아이들과 청년들의 지적, 정서적 자원이 무한하다는 것과 아이들의 높은 가능성을 말이다. 창의력과 언어적 우수성, 순수 학문의 열정, 그것은 핀란드 아이들 그 이상의 자원이다. 부모와 교사가 아이들에게 베푸는 사랑과 헌신 또한 빼놓을 수 없다.

레네의 이야기

나는 런던대학교에서 동양·아프리카학 석사 과정 중이며 러시아, 한국, 네덜란드, 영국에서 학교를 다녔다. 그 경험을 통해 세계의 각국의 나라들이 가진 고유의 교육 문화에 대해서 알게 되었다. 러시아에서 다녔던 학교는 대부분 재미있었고, 숙제나 시험의 압박을 받지 않았다. 물론 초등학교여서 그랬는지 모른다. 가정 수업에서 요리를 하고 체육 수업에서 스키를 타는 동안, 세상 건너편의 한국의 학생들이 수업 시간에 자고 있다고 생각하지 못했다. 하지만 한국 학생들이 끊임없는 스케줄로 녹초가 되어 자고 있다는 것을 안다. 나는 한국에서 밤에는 학원에서 시험을 대비한 벼락치기 공부를 하면서 학창 시절을 보냈다. 고등학교 1학년 말이 되었을 때 나는 이제 충분하다고 느꼈다. 그래서 스스로 집에서 공부하면서 미국의 개별 수업 프로그램을 통해 고등학교를 마쳤다. 한국 대학의 필요성을 느끼지 못해서 1년 동안 세계 여행을 다녔고 네덜란드에서 모든 것을 다시 시작했다. 첫 달에는 한국에서 오랫동안 불린 나의 이름에 익숙해져서 네덜란드 교수가 나를 부를 때마다 어색함을 느꼈다. 하지만 지적 토론에 참여하고 나의 연구를 통해 내 개인적인 관심사를 발전시킬 수 있다는 것에 매우 흥분했다. 그 시간 동안 나는 깊은 희열을 느꼈다. 한국에서도 가능했을지는 모르겠다. 영국에서 공부하면서 인생에서 처음으로 영어권 국가에 살게 되었고 세계적 수준의 전문가들과 내 전공 과목의 주제를 심화 공부할 수 있었다.

유치원에서 대학원까지 모두 다른 교육에 있었기 때문에 이러한 경험을 비교하기는 어렵다. 또한 근본적으로 다른 각 나라의 문화가 저마다 고유의 국가 교육 시스템을 만들었을 것이다. 나는 다른 교육 문화를 접할 때마다 문화 충격을 받았고 어떤 국가나 완전하지 않다는 것을 깨달았다. 모든 것에 절대적인 해답이 있는 것은 아니다. 핀란드 교육 시스템을 보면서 그들이 개인의 책임을 강조하고 교사가 학생을 존중하고, 학생들이 실수를 두려워하지 않는 것에 대해 부러워했다. 교사들은 학생들 자신이 좋아하는 것을 발견할 수 있도록 장려했다. 그러나 '핀란드에서는 교육을 받을 수 있을까'란 생각을 했다. 아마 내 판단이 부정적으로 작용한 것은 핀란드 겨울의 혹독한 날씨의 영향을 받았기 때문인지도 모르겠다. 핀란드 교사나 부모는 상대방을 칭찬하거나 격려하지 않는다. 핀란드 사람들은 사랑스럽고 친절했지만, 서로에 대한 고마움을 표현하지 않는 나라에 살기는 어려울 것 같았다.

나는 한국의 교육 시스템에서 불편한 점과 배우고 싶은 점을 발견했다. 한국 학생들의 독립적인 사고의 부족은 나를 힘들게 했다. 나는 한국 학교를 다니면서 피로와 스트레스로 불행했고, 내 친구가 자신의 꿈을 펼치지 못하고 부모와 사회가 방치하는 것을 보고 좌절하기도 했다. 하지만 교사들은 진심으로 나를 지지해주었다. 그들은 나의 부모처럼 나에게 칭찬과 꾸중을 했다. 나는 한국 학교에서 목표를 달성하기 위해 끝까지 노력해야 하는 의미를 배웠다. 한국 사람들을 통해 소중한 사람들을 위한 깊은 헌신과 충성심을 알았다. 한국 사회와 교육 시스템이 완벽하지는 않지만 나는 한국의 부모와 교사들이 학생들을 사랑하고 그들을 위해 최선을 다한다는 것을 알고 있다. 핀란드에 가서는 드디어 명확하게 이 모든 것을 바라볼 수 있었다. 핀란드와 한국, 모두 좋은 의도를 가지고 있지만 자신의 목표를 실현하는 방법은 매우 다르다. 그들은 서로에게 배울 것이 많다.

미래에 내 아이들이 어느 곳에서 학교를 다닐지는 모르겠다. 최고의 교육을 제공하고 그들에게 행복과 성취감을 주는 곳이면 좋겠지만 어떤 곳이든 완벽하지는 않을 것이다. 하지만 내 가족이 잠재력을 최대한 발휘할 수 있도록 긍정적 자극과 사랑이 가득한 환경을 조성하기 위해 노력할 것이라는 것을 알고 있다. 그런 의미에서 나는 걱정하지 않는다. 사랑으로 둘러싸여 있는 만큼, 궁극적인 목표와 꿈이 있다면 그런 것은 큰 문제가 되지 않을 것이다. 한국의 외국어고등학교, 영국의 멋진 기숙학교, 핀란드 산골 마을의 학교, 그 어디에서든지 말이다. 나는 그들이 세상에서 존재하는 최고의 통찰력과 지혜를 갖추기를 바란다.

옮긴이 김효정

연세대학교에서 심리학과 영문학을 전공했으며 바른 번역에서 전문 번역가로 활동 중이다. 옮긴 책으로는 『철학하는 십대가 세상을 바꾼다』, 『야생이 인생에 주는 서바이벌 지혜 75』 등이 있다.

최고의 교육은 어떻게 만들어지는가

평범한 아이를 경쟁력 있는 인재로 키워내는 핀란드 vs. 한국의 교육 혁명 로드맵

1판 1쇄 2015년 4월 27일
1판 2쇄 2021년 9월 28일

지은이 마틴 메이어, 레네 메이어 하일
옮긴이 김효정
펴낸이 김정순
책임편집 배경란
디자인 이혜령
마케팅 이보민 양혜림 이다영

펴낸곳 (주)북하우스 퍼블리셔스
출판 등록 1997년 9월 23일 제406-2003-055호
주소 04043 서울시 마포구 양화로 12길 16-9(서교동 북앤빌딩)
전자우편 editor@bookhouse.co.kr
홈페이지 www.bookhouse.co.kr
전화번호 02-3144-3123
팩스 02-3144-3121

ISBN 978-89-5605-945-7 03590